粗苯加氢精制技术

孟祥辉　赵德玉　徐贺明　编著

CUBEN JIAQING JINGZHI JISHU

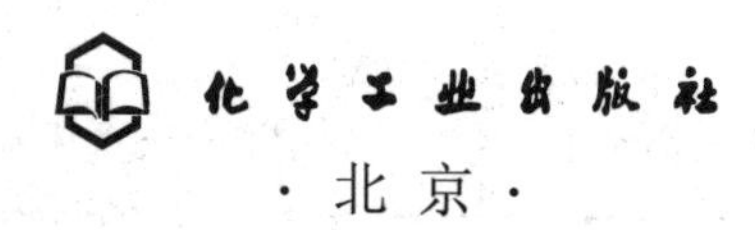

· 北京 ·

本书结合作者多年的粗苯加氢精制装置运行实践经验，阐述了国内外各种粗苯加氢精制工艺的原理和特点，并结合国内原料和下游的现状，对比分析了各种工艺的优缺点和适用性，在此基础上对装置的试车以及制氢、加氢精制、萃取精馏和分析检验等关键工艺过程的工艺操作、设备运行和维护、参数指标等进行了系统介绍。

本书在关键工艺的介绍中将理论知识穿插到关键参数的选择和优化过程中，在投料与试车内容中融入了实践过程中的安全心得，具有较强的实用性。本书可作为粗苯加氢精制生产人员的培训读物，也可供煤化工、化工工艺设计等领域的技术人员参考阅读。

图书在版编目（CIP）数据

粗苯加氢精制技术/孟祥辉，赵德玉，徐贺明编著．—北京：化学工业出版社，2019.6

ISBN 978-7-122-34082-5

Ⅰ.①粗…　Ⅱ.①孟…②赵…③徐…　Ⅲ.①苯-加氢精制　Ⅳ.①TQ241.1

中国版本图书馆CIP数据核字（2019）第049594号

责任编辑：傅聪智　仇志刚　　装帧设计：王晓宇

责任校对：张雨彤

出版发行：化学工业出版社（北京市东城区青年湖南街13号　邮政编码100011）

印　　装：三河市延风印装有限公司

710mm×1000mm　1/16　印张8¾　字数158千字　2019年8月北京第1版第1次印刷

购书咨询：010-64518888　　售后服务：010-64518899

网　　址：http://www.cip.com.cn

凡购买本书，如有缺损质量问题，本社销售中心负责调换。

定　　价：49.00元

前 言

伴随着粗苯加氢精制工艺装置在国内陆续建成投产，在国外技术不断被引进、消化、吸收和运行的实践过程中，对该技术的研究逐步深入，对该技术的运行经验逐渐丰富，对该技术的项目管理和技术管理逐渐成熟，但是行业交流的深度和广度仍处于初期阶段，且高等教育和专业技术培训的教材中实践内容匮乏。

本书以两套10万吨/年的粗苯加氢精制工艺装置的运行为基础，综合行业技术交流心得，将技术过程具体化，努力使理论知识与工业过程融合，既有利于提升行业人员的理论水平，又利于教育和培训的具体化、实用化。

本书详细介绍国内外各种粗苯加氢精制工艺的原理和特点，并结合国内原料和下游产品的现状，多元化地分类对比，分析各种工艺的优缺点和适用性；对制氢、加氢精制、萃取精馏和化验等关键工艺过程进行阐述，并将理论知识穿插到关键参数的选择和优化过程中；开停工过程融入了实践中的安全心得，并对工艺设备和化验仪器的运行和维护经验进行了专门阐述。

本书可作为粗苯加氢精制工艺的培训教材，也可作为从事该专业的工程技术人员的参考用书。

本书第1章、第2章由孟祥辉编写，第3章由徐贺明编写，第4章、第5章由赵德玉编写，最后由徐贺明对全书内容进行修改与整理。

由于编者水平有限，不完善之处在所难免，敬请读者和同行们批评指正。

编者

2019年3月

目　录

第1章 绪　　论

1.1 粗苯加氢精制概述

粗苯加氢精制以粗苯为原料，经过化学和物理等方法去除硫、氮、氧等杂质，再经萃取精馏实现苯、甲苯、二甲苯等产品富集和提纯。随钢铁产能的提升，焦化粗苯的产量也迅速增加，为粗苯加氢精制提供了丰富的原料。

苯、甲苯、二甲苯等同属于芳香烃，是重要的基本有机化工原料，由芳烃衍生的下游产品广泛用于三大合成材料（合成塑料、合成纤维和合成橡胶）和有机原料及各种中间体的制造。纯苯大量用于生产精细化工中间体和有机原料；甲苯除用于歧化生产苯和二甲苯外，其化工利用主要是生产甲苯二异氰酸酯、有机原料和少量中间体，此外作为溶剂它还用于涂料、胶黏剂、油墨和农药等方面；二甲苯在化工方面的应用主要是生产对苯二甲酸和苯酐，作为溶剂的消费量也很大；间二甲苯主要用于生产对苯二甲酸和间苯二腈，市场前景广阔。

1.2 焦化粗苯精制工艺路线

生产芳香烃——苯、甲苯、二甲苯的主要原料是石油催化重整的重整油、石油裂化的高温裂解汽油和焦化粗苯。这三种原料占总原料量的比例依次为70%、27%、3%。以石油为原料生产芳香烃的工艺都采用加氢工艺，以焦化粗苯为原料生产芳香烃的工艺有酸洗法和加氢法。目前，国内焦化粗苯精制的方法普遍有两大类：酸洗精制法和加氢精制法。

1.2.1 酸洗精制法

酸洗精制法是我国传统的由焦化粗苯生产精苯的方法，采用硫酸洗涤净化。因该法具有工艺流程简单、操作灵活、设备简单、材料易得、在常温常压下运行等优点，所以很多中小型焦化企业目前仍在采用此精制法作为粗苯的精制方法。

但是这种方法与加氢精制法相比，存在许多难以克服的缺点：其工艺落后、产品质量低、污染严重，不饱和化合物及硫化物在硫酸的作用下生成黑褐色的深度聚合物（酸焦油），至今无有效的治理方法；另外，产品质量、产品收率无法和加氢精制法相比，正逐渐被加氢精制法替代。

1.2.2 加氢精制法

加氢精制也称为加氢处理，加氢精制法是石油产品最重要的精制方法之一。加氢精制通常指在氢压和催化剂存在下，使油品中的硫、氧、氮等有害杂质转变为相应的硫化氢、水、氨而除去，并使烯烃和二烯烃加氢饱和、芳烃部分加氢饱和，以改善油品的质量。有时，加氢精制指轻质油品的精制改质，而加氢处理指重质油品的精制脱硫。

目前国内外采用的具有代表性的焦化粗苯加氢工艺有：美国 Axens 低温气液两相加氢技术、德国 Uhde 低温气相加氢技术（KK 法）、日本高温高压气相加氢 Litol 技术以及国产化的低温气相加氢工艺。

国内有很多企业已建成投产或正在建设粗苯加氢装置。20 世纪 80 年代上海宝钢从国外引进了第一套 Litol 法高温加氢工艺装置，90 年代石家庄焦化厂从德国引进了第一套 KK 法低温加氢工艺装置，1998 年宝钢引进了第二套 KK 法加氢工艺装置，还有很多企业正在筹建加氢装置。随着对产品质量和环保的要求越来越高，粗苯加氢工艺的应用是大势所趋。

1.2.2.1 美国 Axens 低温气液两相加氢技术

该工艺采用自行开发的两段加氢技术，其工艺流程见图 1-1。

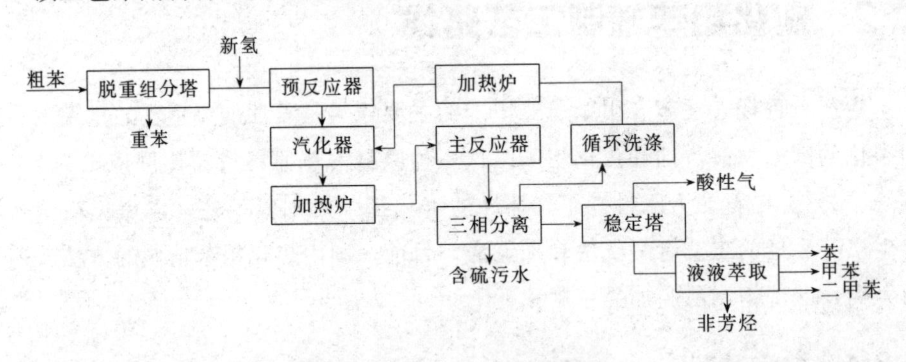

图 1-1 Axens 工艺流程示意图

粗苯脱重组分后由高速泵加压进入预反应器，进行液相加氢反应，在此容易聚合的物质，如双烯烃，在有活性的 Ni-Mo 催化剂作用下加氢变为单烯烃。由于预加氢反应为液相反应，可以有效抑制双烯烃的聚合。粗苯先经脱重组分后，轻苯加氢，原料适应性强。预反应器产物经高温循环氢气汽化后，再经加热炉加热到主反应温度，进入主反应器，在高效选择性Co-Mo催化剂作用下进行气相加氢反应，单烯烃加氢生成相应的饱和烃。硫化物主要是噻吩，氮化物及氧化物被加氢转化成烃类、硫化氢、水及氨，同时抑制芳烃的转化，芳烃的损失率应<0.5%。反应产物经一系列换热后，再进行分离，液相组分经稳定塔，将H_2S、NH_3等气体除去，塔底得到含噻吩<0.5mg/kg的加氢油。由于预反应温度低，且为液相加氢，预反应器产物靠热氢汽化，需要高温循环氢量大，循环氢压缩机相对较大，且需要一台高温循环氢加热炉。经预反应器与主反应器加氢后，得到的加氢油在高压分离器中分离出循环气循环使用。分离出的加氢油在稳定塔排出尾气硫化氢后，进入液液萃取系统，由于液液萃取适合芳烃含量低的产品，而加氢油中芳烃含量一般在90%左右，因此液液萃取溶剂消耗量大，流程复杂。

1.2.2.2 德国Uhde低温气相加氢技术（KK法）

该粗苯加氢精制工艺由德国BASF公司开发，Uhde公司改进，其工艺流程见图1-2。

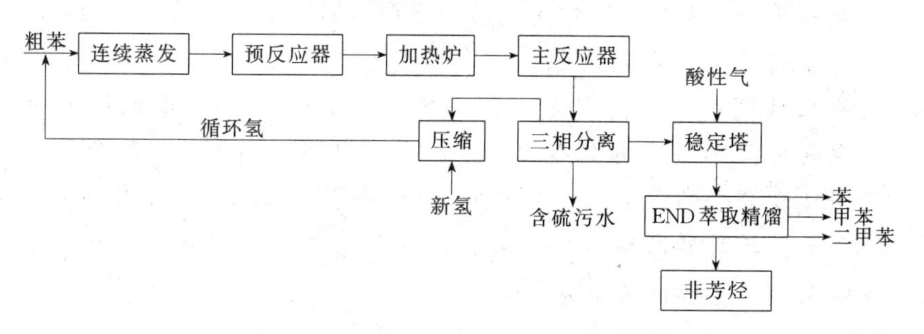

图1-2 KK法工艺流程示意图

粗苯经高速泵加压后，与循环氢混合，然后在预蒸发器中被预热，部分粗苯蒸发，加热介质为主反应器出来的加氢油，气液混合物进入多级蒸发器，在此绝大部分粗苯蒸发，只有少量的高沸点组分从多级蒸发器底部排出，高沸点组分进入闪蒸器，分离出的轻组分重新回到粗苯原料中，重组分作为重苯残油外卖，多级蒸发器由高压蒸汽加热，被汽化的粗苯和循环氢气的混合物经过热器过热后，进入预反应器，预反应器的作用与Litol法的预反应器相同，主要除去二烯烃和苯乙烯，催化剂为Ni-Mo，预反应器产物经管式炉加热后，进入主反应器，在此发生脱硫、脱氮、脱氧、烯烃饱和等反应，催化剂为Co-Mo，预反应器和主反应器内物料的状态均为气相。从主反应器出来的产物经一系列换热器、冷却器被冷却，在进入分离器之前，被注入软水，软水的作用是溶解产物中沉积的盐类。

分离器把主反应器产物最终分离成循环氢气、液态的加氢油和水，循环氢气经预热器，补充部分氢气后，由压缩机送到预蒸发器前与原料粗苯混合。加氢油经预热器预热后进入稳定塔，稳定塔由中压蒸汽进行加热，稳定塔实质就是精馏塔，把溶解于加氢油中的氨、硫化氢以尾气形式除去，含 H_2S 的尾气可送入焦炉煤气脱硫脱氰系统，稳定塔出来的苯、甲苯、二甲苯混合馏分进入预蒸馏塔，在此分离成苯、甲苯馏分（BT 馏分）和二甲苯馏分（XS 馏分），二甲苯馏分进入二甲苯塔，塔顶采出少量 C_8 非芳烃和乙苯，侧线采出二甲苯，塔底采出二甲残油即 C_9 馏分，由于塔顶采出量很小，所以通常塔顶产品与塔底产品混合后作为二甲残油产品外卖。苯、甲苯馏分与部分补充的甲酰吗啉溶剂混合后进入萃取蒸馏塔，萃取蒸馏塔的作用是利用萃取蒸馏方式，除去烷烃、环烷烃等非芳烃，塔顶采出的非芳烃作为产品外卖，塔底采出苯、甲苯、甲酰吗啉的混合馏分，此混合馏分进入汽提塔。汽提塔在真空下操作，把苯、甲苯馏分与溶剂甲酰吗啉分离开，汽提塔顶部采出苯、甲苯馏分，苯、甲苯馏分进入苯、甲苯塔精馏分离成苯、甲苯产品。汽提塔底部采出的贫甲酰吗啉溶剂经冷却后循环回到萃取精馏塔上部，一部分贫溶剂被间歇送到溶剂再生器，在真空状态下排出高沸点的聚合产物，再生后的溶剂又回到萃取蒸馏塔。制氢系统与 Litol 法不同，是以焦炉煤气为原料，采用变压吸附原理把焦炉煤气中的氢分离出来，制取纯度达 99.9% 的氢气。加氢油经 END（*N*-甲酰吗啉）萃取蒸馏，把非芳烃分离出去，再经连续精馏，可以得到产品苯、甲苯及混合二甲苯。二甲苯中非芳烃的质量分数小于 2.5%。由于粗苯组成变化的原因，原料适应性不强，连续蒸发器易堵，采用 END 萃取精馏，不易操作，产品苯、甲苯中含氮指标高，中性试验呈碱性。

1.2.2.3　日本高温高压气相加氢 Litol 技术

日本高温高压气相加氢 Litol 技术是由美国胡德公司开发、日本旭化成公司改进的轻苯催化加氢精制工艺技术。上海宝钢于 20 世纪 80 年代由国外引进了第一套高温粗苯加氢工艺装置，其工艺流程示于图 1-3。

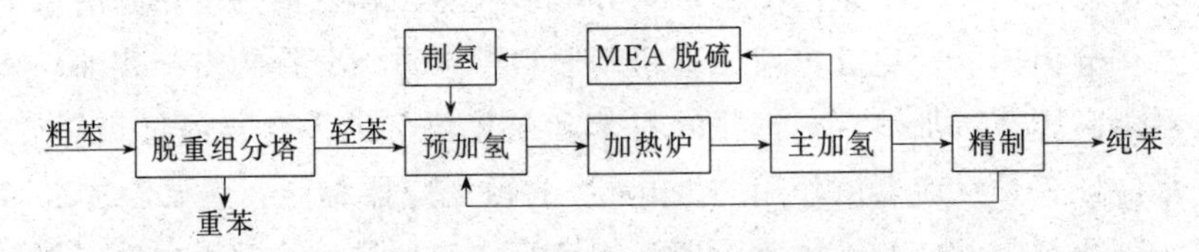

图 1-3　Litol 法工艺流程示意图

粗苯经脱重组分塔分离为轻苯和重苯，轻苯经高压泵进入蒸发器，与循环氢气混合后，芳烃蒸气和氢气混合物从塔顶出来，经过预反应器，在约

6.0MPa、250℃、Co-Mo 催化剂作用下，除去高温时易聚合的不饱和组分。预反应产物经加热后，进入主反应器中，在约 6.0MPa、620℃、Cr_2O_3 催化剂作用下，进行脱硫、脱氮、脱氧和加氢脱烷基等反应，苯收率约为 114%，这是由于原料中的甲苯、二甲苯在加氢脱烷基作用下转化成苯造成的。反应产物经分离后，液相组分经稳定塔脱除 H_2S、低碳烃等组分，塔底产品加氢油经白土塔，脱除其中微量不饱和物后，进入苯塔，塔顶得到含噻吩<1mg/kg、结晶点高于 5.45℃的纯苯。循环氢经 MEA（单乙醇胺）脱硫后，大部分返回加氢系统循环使用，少部分送至制氢单元，制得的氢气作为加氢系统的补充氢。该工艺由于加氢脱烷基，因此只生产高纯苯。Litol 法生产的纯苯质量指标见表 1-1。

表 1-1 Litol 法生产的纯苯质量指标

项 目	指 标	项 目	指 标
颜色(铂-钴)	≤20#	非芳烃/%	≤0.10
密度(20℃)/(g/cm^3)	0.878～0.881	总硫/(mg/kg)	≤1
结晶点/℃	≥5.45	噻吩/(mg/kg)	≤1
酸洗比色 $K_2Cr_2O_7$/(g/L)	≤0.05	中性试验	中性
苯/%	≥99.9	水分(20℃)(目测)	无
甲苯/%	≤0.05		

1.2.2.4 国产化的低温气相加氢工艺

基于酸洗精制法的诸多缺点，我国自 20 世纪 70 年代初期就开始了焦化粗苯加氢精制工艺的研究与开发工作，研制开发出中温加氢法和低温加氢法。中温加氢法的优点在于不用萃取精馏就能获得高纯苯，1976 年北京焦化厂采用中国科学院山西煤炭化学研究所的中温粗苯加氢技术，建成我国第 1 套年处理粗苯 2.5 万吨的工业试验装置。20 世纪 80 年代又进行了低温法（300～370℃）粗苯加氢精制工艺过程的研制与开发。20 世纪 90 年代我国相继在宝钢化工一期工程及河南神马先后引进日本 Litol 法高温热裂解生产高纯苯工艺技术；石家庄焦化厂及宝钢化工三期工程先后引进德国 KK 法工艺技术。2004 年由浙江美阳国际石化医药工程设计有限公司在消化吸收国外同类装置的基础上，开发了国产化气相加氢技术，先后用于山西太化股份公司一期 8 万吨/年粗苯加氢精制装置、山东枣矿集团柴里煤矿 15 万吨/年粗苯加氢精制工程、山东海力化工有限公司 8 万吨/年粗苯加氢精制工程等近 10 套装置。其针对不饱和烃结焦问题进行工艺优化，增加了脱重组分塔，塔釜重沸器采用强制循环重沸器，粗苯原料先脱除 C_9 以上重组分，轻苯加氢反应减少了粗苯中不饱和烃对加氢系统结焦堵塞的问题，提高了对原料的适应性，降低了加氢负荷，同时优化了加氢流程。国产化低温气相加氢工艺流程如图 1-4 所示。

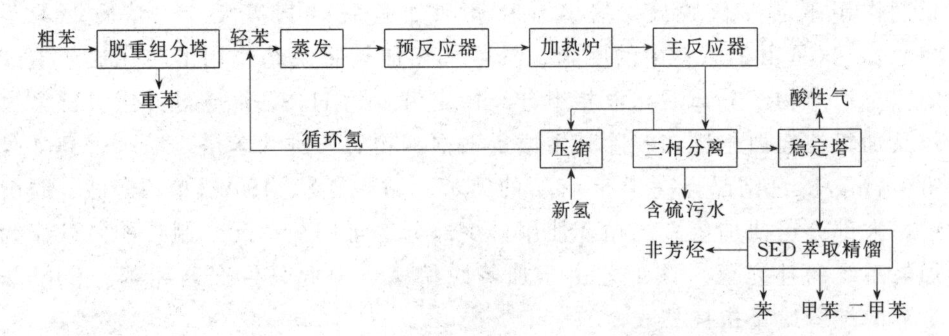

图 1-4 国产化低温气相加氢工艺流程示意图

此种低温加氢法在国内外得到了广泛应用，大量被应用于以石油高温裂解汽油为原料的加氢过程，目前在焦化粗苯加氢过程中也得到了应用。在苯加氢反应工艺上，与萃取蒸馏低温加氢法相近，而在加氢油的处理上则不同，是以环丁砜为萃取剂采用液液萃取工艺，把芳烃与非芳烃分离开来。工艺流程见图 1-4。粗苯经脱重组分塔分离成轻苯和重苯，然后对轻苯进行加氢，除去重苯的目的是防止 C_9 以上重组分使催化剂老化。轻苯与补充氢气及循环氢气混合，经加热器加热后，以气液两相混合状态进入一级反应器，一级反应器的作用与 Litol 法和 KK 法的预反应器相同，使苯乙烯和二烯烃加氢饱和，一级反应器中保持部分液相的目的是防止反应器内因聚合而发生堵塞。一级反应器出来的气液混合物在蒸发器中与管式炉加热后的循环氢气混合被全部汽化，混合气体经管式炉进一步加热后进入二级反应器，在二级反应器中发生脱硫、脱氮、烯烃饱和反应。一级反应器催化剂为 Ni-Mo 型，二级反应器催化剂为 Co-Mo 型，二级反应器结构是双催化剂床层，使用内床层循环氢气冷却来控制反应器温度。二级反应器产物经冷却后被注入软水，然后进入分离器，注水的目的与 KK 法相同，溶解生成的 NH_4HS、NH_4Cl 等盐类，防止其沉积。分离器把物料分离成循环氢气、水和加氢油，加氢油经稳定塔排出 NH_3、H_2S 后进入萃取塔。萃取塔的作用是以环丁砜为萃取剂把非芳烃脱除掉，汽提塔进一步脱除非芳烃，回收塔把芳烃与萃取剂分离开，回收塔出来的芳烃经白土塔，除去微量的不饱和物后，依次进入苯塔、甲苯塔，最终得到苯、甲苯、二甲苯。

另外，根据各生产企业现状不同，唐山中润煤化工有限公司对国产化加氢精制工艺进行了进一步的优化，利用 380℃、3.8MPa 中压蒸汽换热器替代加热炉，改造工程已经顺利投产使用。此改造工程降低了使用加热炉时带来的安全隐患，便于生产操作。

1.3 几种粗苯精制工艺技术的综合比较

加氢法与酸洗法的工艺技术比较列于表1-2。

表1-2 粗苯精制工艺技术比较

项目		酸洗法	低温加氢法（KK、Axens、国产工艺）	高温加氢法（Litol）
反应温度		投产后一直稳定	投产后一直稳定	投产后一直稳定
处理不饱和杂质		硫酸洗涤	加氢	加氢
蒸馏方式		简单蒸馏	萃取蒸馏法	简单蒸馏
催化剂	预反应器	—	Ni-Mo	Co-Mo
	主反应器	—	Co-Mo	Cr系
洗涤剂		浓硫酸、NaOH		
反应温度/℃	预反应器	—	190～210	260
	主反应器	—	280～350	620
反应压力/MPa	预反应器	—	2.9	5.5
	主反应器	—	2.7	5.4
纯苯质量		GB/T 2283—2008		
结晶点/℃		5.0～5.2	≥5.5	≥5.5
全硫含量/$\times 10^{-6}$		200～500	<0.5	0.5
纯度/%		≤99.95	99.95	99.95
产品品种		苯、甲苯、二甲苯	苯、甲苯、二甲苯、非芳烃	苯
工艺污染物		酸焦油、再生酸	无	无
材料选择		难	易	难
操作、维修		难	易	难
投资		少	中等	多
经济效益		差	好	一般

加氢法工艺技术比较列于表1-3。

表 1-3 加氢法工艺技术比较

项目	液相加氢	气相加氢
预反应器加氢方法	液相加氢法	气相加氢法
脱重组分塔	必须有	有或没有均可
催化剂寿命	短,一般 3～5 年	长,一般 5～10 年
加热炉	两台(多一台循环氢加热炉)	一台
循环氢温度	较高(360℃)	较低(73℃)
氢气加入点	预反应器、闪蒸罐、主反应器	连续蒸发器
催化剂的硫化	不同步	同步

从表 1-2 及表 1-3 中可以看出，Litol 法粗苯加氢工艺的加氢反应温度、压力较高，又存在氢腐蚀，对设备的制造材质、工艺、结构要求较高，设备制造难度较大，只能生产一种产品——苯，制氢工艺较复杂，采用转化法，以循环气为原料制氢，总精制率较低，但 Litol 法占地面积小。由于 Litol 法与低温加氢工艺相比较有很多不足，在国内除宝钢投产 1 套 Litol 法高温加氢装置外，其他企业粗苯加氢都采用低温加氢工艺。低温加氢工艺包括萃取蒸馏低温加氢方法和溶剂萃取低温加氢方法，加氢反应温度、压力较低，设备制造难度小，很多设备可国内制造，可生产 3 种产品——苯、甲苯、二甲苯，生产操作容易。制氢工艺采用变压吸附法，以焦炉煤气为原料制氢，制氢工艺简单，产品质量好。两种低温加氢方法相比较，前者工艺简单，可对粗苯直接加氢，不需先精馏分离成轻苯和重苯，但粗苯在预蒸发器和多级蒸发器中容易结焦堵塞；后者工艺较复杂，粗苯先精馏分成轻苯和重苯，然后对轻苯加氢，但产品质量较高。

从产品质量、收率、节能、环保等方面考虑，加氢法明显优于酸洗法。随着国家节能减排、加强环保、淘汰落后工艺的政策法规逐步落实到位以及市场竞争压力的加大，粗苯精制工艺不宜采用酸洗工艺，而应采用加氢精制工艺将粗苯集中加工。在加氢工艺中，低温加氢工艺的加氢温度、压力较低，产品质量好，因此粗苯精制宜采用低温加氢精制工艺。

1.4 工艺技术路线选择原则

选择粗苯加氢精制工艺路线主要应遵循以下原则：

① 工艺技术先进、成熟、可靠；

② 选择先进的设备与材料；

③ 提高工艺自动化控制水平；

④ 确保生产操作的稳定与准确；

⑤ 提高劳动生产率；

⑥ 提高产品产率，确保产品质量；

⑦ 采用先进有效的环保措施，强化环境治理，减少对环境的污染；

⑧ 充分利用工艺自身的尾气和余热，降低工艺能耗，节约能源等。

第2章 工艺原理

2.1 工艺原理概述

粗苯加氢根据其催化加氢反应温度不同可分为高温加氢和低温加氢。在低温加氢中，由于加氢油中非芳烃与芳烃分离方法的不同，又分为萃取蒸馏法和溶剂萃取法。高温催化加氢的典型工艺是 Litol 工艺，在温度为 600～650℃，压力为 6.0MPa 条件下进行催化加氢反应。主要进行加氢脱除不饱和烃，加氢裂解把高分子烷烃和环烷烃转化为低分子烷烃，以气态分离出去；加氢脱烷基，把苯的同系物最终转化为苯和低分子烷烃。故高温加氢的产品只有苯，没有甲苯和二甲苯，另外还要进行脱硫、脱氮、脱氧的反应，脱除原料有机物中的 S、N、O，转化成 H_2S、NH_3、H_2O 的形式除去，对加氢油的处理可采用一般精馏方法，最终得到苯产品。低温催化加氢的典型工艺是萃取蒸馏加氢（KK 法）和溶剂萃取加氢。在温度为 300～370℃，压力为 2.5～3.0MPa 条件下进行催化加氢反应。主要进行加氢脱除不饱和烃，使之转化为饱和烃；另外还要进行脱硫、脱氮、脱氧反应，与高温加氢类似，转化成 H_2S、NH_3、H_2O 的形式。但由于加氢温度低，故一般不发生加氢裂解和脱烷基的深度加氢反应，因此低温加氢的产品有苯、甲苯、二甲苯。对于加氢油的处理，萃取蒸馏低温加氢工艺采用萃取精馏方法，把非芳烃与芳烃分离开。而溶剂萃取低温加氢工艺是采用溶剂液液萃取方法，把非芳烃与芳烃分离开，芳烃之间的分离可用一般精馏方法实现，最终得到苯、甲苯、二甲苯。

2.2 氢气的性质和用途

氢是自然界分布最广的一种元素。它在地球上主要以化合态存在于化合物中，如：水、石油、煤、天然气以及各种生物的组成中。自然界中，水中含有 11%（质量分数）的氢，泥土中约含 1.5%，100km 高空大气的主要成分也是氢。在地球表面大气中氢含量很低，约 1×10^{-6}。

2.2.1 氢气的物化性质

2.2.1.1 物理参数

氢气的分子量 2.02；密度 0.08988g/L [0℃，1atm（1atm＝101325Pa）]；熔点 −259.19℃；沸点 −252.71℃；比热容 14.30J/(℃·g)。氢气的溶解度（mL/100mL H_2O）：2.15(0℃)、1.95(10℃)、1.85(20℃)、1.75(25℃)、1.70(30℃)、1.64(40℃)、1.61(50℃)、1.60(60℃)。氢气在乙醇中的溶解度为6.925mL/100mL。在空气中的燃烧范围 4.0%～75.0%（体积分数）；着火能20μJ；在氧气中的燃烧范围 4.65%～94.0%（体积分数）；在空气中的着火温度585℃；火焰温度 2045℃；在氧气中的着火温度 560℃。

2.2.1.2 物化性质

氢是无色、无味、无臭和无毒的可燃性气体。但它同氮气、氩气、二氧化碳等气体一样，都是窒息气，可使肺缺氧。氢气是最轻的气体，它黏度最小，热导率最高，化学活性、渗透性和扩散性强，因而在氢气的生产、贮送和使用过程中都易造成泄漏。它还是一种强还原剂，可同许多物质进行不同程度的化学反应，生成各种类型的氢化物。

由于氢气具有很强的渗透性，所以在钢设备中具有一定温度和压力的氢渗透溶解于钢的晶格中，原子氢在缓慢的变形中引起脆化作用。它还可与钢中的碳反应生成甲烷，降低钢的机械性能，甚至引起材质的损坏。通常在高温、高压和超低温度下，容易引起氢脆或氢腐蚀。因此，使用氢气的管道和设备，其材质应按具体使用条件慎重进行选择。氢气的着火温度在可燃气体中虽不是最低的，但由于它的着火能仅为 20μJ，所以很易着火，甚至化学纤维织物摩擦所产生的静电都比氢的着火能大几倍。因此，在氢的生产中应采取措施尽量防止和减少静电的积聚。

2.2.2 氢气的用途

氢气广泛应用于化工、冶金、电子、航天等领域。

在化学工业中，合成氨、甲醇，石油炼制和催化裂化中需要大量的氢作原料。尼龙、塑料、农药、油脂化学和精细化学品加工中都需要氢气生产相应产品。

在冶金工业中，有色金属如钨、钼、钛等的生产和加工中，使用氢气作还原剂和保护气。在硅钢片、磁性材料和磁性合金生产中，也需要高纯氢气作保护气，以提高磁性和稳定性。在精密合金退火、粉末冶金生产、薄板和带钢轧制中常用氢气-氮气作保护气。

在电子工业中，电子材料、半导体材料和器件、集成电路及电真空器件生产中，都需要高纯氢气作还原气、携带气和保护气。

在轻工业中，石英玻璃、人造宝石的制造和加工，浮法玻璃生产中，都使用氢气作燃烧气或保护气。在电力工业中，氢气作为汽轮发电机的冷却剂。另外，液氢还是宇航和火箭的重要液体燃料。

2.3 吸附原理

吸附是指当两种相态不同的物质接触时，其中密度较低的物质分子在密度较高的物质表面被富集的现象和过程。吸附按其性质的不同可分为四大类：化学吸附、活性吸附、毛细管凝缩和物理吸附。变压吸附气体分离装置中的吸附主要为物理吸附。

物理吸附的特点是，吸附过程中没有化学反应，吸附过程进行得极快，参与吸附的各相物质间的动态平衡在瞬间即可完成，并且这种吸附是完全可逆的吸附过程，当气体分子运动到固体表面上时，由于固体表面原子剩余引力的作用，气体中的一些分子便会暂时停留在固体表面上，这些分子在固体表面上的浓度增大，这种现象称为气体分子在固体表面上的吸附。吸附物质的固体称为吸附剂，被吸附的物质称为吸附质。按吸附质与吸附剂之间引力场的性质，吸附可分为化学吸附和物理吸附。

2.3.1 物理吸附与化学吸附

物理吸附：也称范德华（van der Waals）吸附，它是由吸附质分子和吸附剂表面分子之间的引力所引起的，此力也叫作范德华力。由于固体表面的分子与其内部分子不同，存在剩余的表面自由力场，当气体分子碰到固体表面时，其中一部分就被吸附，并释放出吸附热。在被吸附的分子中，只有当其热运动的动能足以克服吸附剂引力场的位能时才能重新回到气相，所以在与气体接触的固体表面上总是保留着许多被吸附的分子。由于分子间的引力所引起的吸附，其吸附热较低，接近吸附质的汽化热或冷凝热，吸附和解吸速度也都较快。被吸附气体也较容易地从固体表面解吸出来，所以物理吸附是可逆的。物理吸附通常分为变温吸附和变压吸附。

化学吸附：吸附过程伴随有化学反应的吸附。在化学吸附中，吸附质分子和吸附剂表面将发生反应生成表面络合物，其吸附热接近化学反应热。化学吸附需要一定的活化能才能进行。通常条件下，化学吸附的吸附或解吸速度都要比物理吸附慢。石灰石吸附氯气、沸石吸附乙烯都是化学吸附。

2.3.2 变压吸附

变压吸附就是利用吸附剂对吸附质在不同分压下有不同的吸附容量、吸附速度和吸附力，并且在一定压力下对被分离的气体混合物的各组分有选择吸附的特性，加压吸附除去原料气中的杂质组分，减压脱附这些杂质而使吸附剂获得再生。因此，采用多个吸附床，循环地变动所组合的各吸附床压力，就可以达到连续分离气体混合物的目的。

2.3.2.1 吸附剂的选择

变压吸附常用的吸附剂有硅胶、活性氧化铝、活性炭、分子筛等，另外还有针对某种组分选择性吸附而研制的吸附材料。气体吸附分离成功与否，很大程度上依赖于吸附剂的性能，因此选择吸附剂是确定吸附操作的首要问题。

硅胶是一种坚硬、无定形链状和网状结构的硅酸聚合物颗粒，分子式为 $SiO_2 \cdot nH_2O$，为一种亲水性的极性吸附剂。用硫酸处理硅酸钠的水溶液，生成凝胶，然后用水洗去硫酸钠后进行干燥，便得到玻璃状的硅胶，它主要用于干燥、气体混合物及石油组分的分离等。工业上用的硅胶分成粗孔和细孔两种。粗孔硅胶在相对湿度饱和的条件下，吸附量可达吸附剂重量的80%以上，而在低湿度条件下，吸附量大大低于细孔硅胶。

活性氧化铝是由铝的水合物加热脱水制成，它的性质取决于最初氢氧化物的结构状态，一般都不是纯粹的 Al_2O_3，而是部分水合无定形的多孔结构物质，其中不仅有无定形的凝胶，还有氢氧化物的晶体。由于它的毛细孔通道表面具有较高的活性，故又称为活性氧化铝。它对水有较强的亲和力，是一种对微量水深度干燥用的吸附剂。在一定操作条件下，它的干燥温度可达露点－70℃以下。

活性炭是将木炭、果壳、煤等含碳原料经炭化、活化后制成的。活化方法可分为两大类，即药剂活化法和气体活化法。药剂活化法就是在原料里加入氯化锌、硫化钾等化学药品，在非活性气氛中加热进行炭化和活化。气体活化法是把活性炭原料在非活性气氛中加热，通常在700℃以下除去挥发组分以后，通入水蒸气、二氧化碳、烟道气、空气等，并在700～1200℃温度范围内进行反应使其活化。活性炭含有很多毛细孔构造，所以具有优异的吸附能力。因而它用途遍及水处理、脱色、气体吸附等各个方面。

沸石分子筛又称为合成沸石或分子筛，其化学组成通式为：[M(Ⅰ)M(Ⅱ)]$O \cdot Al_2O_3 \cdot nSiO_2 \cdot mH_2O$，式中M(Ⅰ)和M(Ⅱ)分别为一价和二价金属离子，多半是钠离子和钙离子，n称为沸石的硅铝比，硅主要来自于硅酸钠和硅胶，铝则来自于铝酸钠和 $Al(OH)_3$ 等，它们与氢氧化钠水溶液反应制得的胶体物，经干燥后便成沸石，一般 $n=2\sim10$，$m=0\sim9$。沸石的特点是具有分子筛的作用，它有均匀的孔径，如 0.3nm、0.4nm、0.5nm、1nm 细孔。有 0.4nm 孔径的沸石可吸附甲烷、乙烷，而不吸附三个碳以上的正烷烃。它已广泛用于气体吸附分离、气体和液体干燥以及正异烷烃的分离。碳分子筛实际上也是一种活性炭，它与一般碳质吸附剂的不同之处，在于其微孔孔径均匀地分布在一狭窄的范围内，微孔孔径大小与被分离的气体分子直径相当，微孔的比表面积一般占碳分子筛所有表面积的 90%以上。碳分子筛的孔结构主要分布形式为：大孔直径与碳粒的外表面相通，过渡孔从大孔分支出来，微孔又从过渡孔分支出来。在分离过程中，大孔主要起运输通道作用，微孔则起分子筛的作用。以煤为原料制取碳分子筛的方法有炭化法、气体活化法、碳沉积法和浸渍法。其中炭化法最为简单，但要制取高质量的碳分子筛必须综合使用这几种方法。碳分子筛在空气分离制取氮气领域已获得了成功，在其他气体分离方面也有广阔的前景。

2.3.2.2 吸附剂再生

为了使吸附分离法经济有效，除了吸附剂要有良好的吸附性能以外，吸附剂的再生方法也具有关键意义。吸附剂再生深度决定产品的纯度，也影响吸附剂的吸附能力。吸附剂的再生时间决定了吸附循环周期的长短，从而也决定了吸附剂用量的多少。因此选择合适的再生方法，对吸附分离法的工业化起着重要的作用。

在同一温度下，吸附质在吸附剂上的吸附量随吸附质的分压上升而增加；在同一吸附质分压下，吸附质在吸附剂上的吸附量随吸附温度上升而减少；也就是说加压降温有利于吸附质的吸附，降压升温有利于吸附质的解吸或吸附剂的再生。

变压吸附法再生：①降压。吸附床在较高压力下吸附，然后降到较低压力，通常接近大气压，这时一部分吸附组分解吸出来。这个方法操作简单，但吸附组分的解吸相对不充分，吸附剂再生程度不是很高。②抽真空。吸附床压力降到大气压以后，为了进一步减小吸附组分的分压，可用抽真空的方法来降低吸附床压力，以得到更好的再生效果，缺点是增加了动力消耗。③冲洗。利用弱吸附组分或者其他适当的气体通过需再生的吸附床，被吸附组分的分压随冲洗气通过而下降。吸附剂的再生程度取决于冲洗气的用量和纯度。④置换。用一种吸附能力较强的气体把原先被吸附的组分从吸附剂上置换出来。这种方法常用于产品组分吸附能力较强而杂质组分吸附能力较弱即从吸附相获得产品的场合。

在变压吸附过程中，采用哪种再生方法是根据被分离的气体混合物各组分的性质、产品要求、吸附剂的特性以及操作条件来选择的，通常是由几种再生方法配合实施。

应当注意的是，无论采用何种方法再生，再生结束时，吸附床内吸附质的残余量不会等于零，也就是说，床内吸附剂不可能彻底再生。这部分残余量也不是均匀分布在吸附床内各个部位。当吸附工况确定后，有效吸附负荷就取决于吸附床的再生程度，由此可看出再生在吸附操作中的重要性。

2.3.2.3　变压吸附原理及应用

吸附剂对各气体组分的吸附性能是通过实验测定静态下的等温吸附线和动态下的流出曲线来评价的。吸附剂的良好吸附性能是吸附分离过程的基本条件。在变压吸附过程中吸附剂的选择还要考虑解决吸附和解吸之间的矛盾。所选吸附剂既要使吸附装置选择吸附容量大，又要容易解吸，以减少降压解吸的电耗。选择吸附剂的另一要点是组分间的分离系数尽可能大，从而减少有效气体的损失。

当变压吸附的吸附剂确定之后，在温度不变的情况下，吸附量就是压力的函数。图 2-1 为 A、B、C 三种气体在同一温度下的等温吸附线，当三种混合气体通过吸附床时，在较高压力下 A 组分的平衡吸附量为 F_{AH}，B 组分的平衡吸附量为 F_{BH}，C 组分的平衡吸附量为 F_{CH}，由图 2-1 中可以看出 A 组分的 F_{AH} 和 B 组分的 F_{BH} 远高于 C 组分的 F_{CH}，故 A、B 组分被优先吸附，C 组分则在流出气流中富集。当吸附剂再生时，将床层的压力降低，在达到新吸附平衡过程后，A、B、C 组分脱附的量分别为 $F_{AH}-F_{AL}$、$F_{BH}-F_{BL}$ 和 $F_{CH}-F_{CL}$。这样通过周期性地变化床层压力，即可达到将 A、B、C 的混合气进行吸附分离的

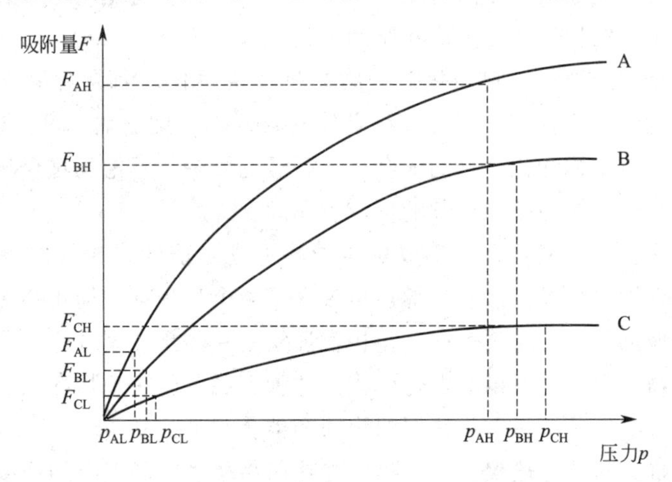

图 2-1　A、B、C 三种气体在同一温度下的等温吸附线

目的。

变压吸附气体分离技术近年来发展迅速，其行业应用面从化工扩展到冶金、机械、电子、轻工、食品和能源等领域，并以其工艺简单、自动化程度高、设备能耗小、运行费用低、维护费用少、设备性能稳定等特点，在近二十年气体提纯领域中占据了显要的位置。

2.4 加氢原理

2.4.1 加氢原理概述

2.4.1.1 加氢聚合问题

粗苯馏分含有不稳定的化合物，这些化合物在加热时便形成各种聚合物，黏附在换热设备的表面。此外，聚合物在某种程度上被蒸发的原料气流所带走，而落到催化剂上，并迅速地使催化剂的活性降低。这些问题，起初想用下述办法来解决，即将原料预先热聚合，而在最终加热前将所生成的聚合物加以分离，然后再将原料送入接触设备。为了简化热聚合过程和减少聚合物的生成量，总是使蒸发在不太高的温度下进行。但是，热聚合过程总是不能脱除不饱和化合物杂质，甚至在大大地增加聚合时间和温度时也不能完全或大部分脱除不饱和烃杂质。

各种不饱和化合物在加热时以不同的方式生成树脂类物质。二烯烃、环烯烃和环二烯烃是最容易生成树脂类物质的。例如，在固定的试验条件下（碳氢化合物在中性汽油中浓度为10%的试验溶液在120℃下受热4h），戊烯和己烯不生成树脂，而环己烯生成25mg树脂，苯乙烯生成3034mg树脂，茚生成4085mg树脂。因此，不同的粗苯馏分生成树脂的方式不同。

若氢源是煤炉煤气，则催化剂的结焦过程将强化，因为新生成的含氧化合物，特别是氮的氧化物，是聚合过程有效的引发剂。催化剂上的焦炭沉积现象，也是由芳香烃与不饱和化合物的缩合、芳香烃的缩聚、不饱和化合物的聚合以及碳氢化合物少量分解为碳和氢气的反应引起的。

不饱和化合物深度聚合而生成焦炭的热力学可能性，一般按以下系统来研究：烯烃转变为二烯烃，然后二烯烃再聚合。两个过程都在催化剂上进行，并导致焦炭逐渐地沉积在催化剂表面。很快就证实原料的预先聚合达不到所要求的效果，因为产物中仍含有不稳定的化合物。这种不稳定的化合物在以后加热和蒸发时就形成聚合物，并沉积在加热器的表面和催化剂上。

因此，将原料预先热聚合，在最终加热前将所生成的聚合物加以分离，然后再将原料送入反应设备在实际生产中是不现实的，也是不可行的。

2.4.1.2　“Litol”法加氢原理

为了防止管壁过热，原料在循环气流中的预热和蒸发是在液体激烈搅动的条件下进行的。由于在几个阶段内进行预热和蒸发，使管壁与物料间的温度差减小，从而创造了阻止聚合过程发展和保证原料完全蒸发的条件。把蒸发的原料予以稳定加氢，是在尽可能低的温度条件下的加氢过程。稳定加氢的目的是变不稳定的不饱和化合物为热稳定的饱和化合物。由于稳定加氢时温度低且体积空速大，因此催化剂上的结焦过程便进行得缓慢。

原料是在管式预热器与气体升液器结合的设备中进行预热和蒸发的（图 2-2）。气体和被预热的液体进入混合器后，沿气体升液器升起并在分离器中分开。然后，从分离器出来的蒸汽-煤气混合物和产物便进入下一个蒸发阶段，而部分未蒸发的产物则经过预热器返回混合器。预热器是用接触设备后的蒸汽-氢气混合物，也就是返回流体进行加热的。

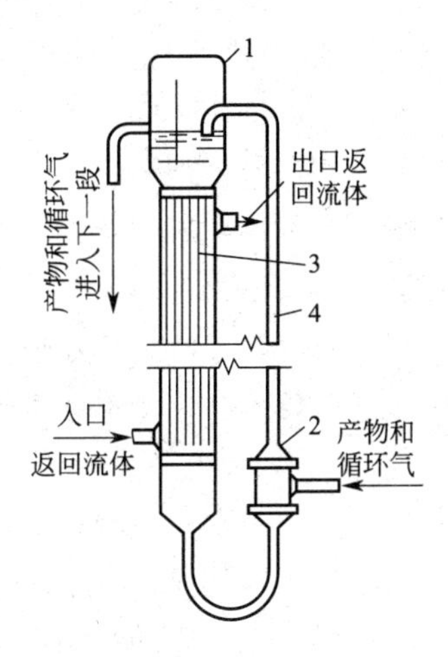

图 2-2　具有气液升降循环装置的轻苯蒸发器

1—分离器；2—混合器；3—管式预热器；4—升液管

稳定加氢时，苯乙烯转变为乙基苯，甲基苯乙烯转变为乙基甲苯，茚转变为茚满。

不论加氢过程怎样进行，稳定加氢都不能完全防止加氢精制催化剂的结焦。在细心进行稳定加氢的情况下，沉积物的形成过程是十分缓慢的。但是，经过大约一年的作业时间，催化剂就必须再生。积炭的原因之一是稳定加氢时，未能完全地除掉不饱和化合物，而在稳定加氢之后的升温过程中，形成聚合物沉积在催化剂表面。

现代的有机合成工业在很多情况下要求原料苯完全不含噻吩，而且只允许含极少量的残余硫化合物以及饱和烃类。用一般的加氢工艺来制取这种苯类产品是非常困难的，且实际上也是不可能的。因为噻吩完全氢解与芳香烃加氢过程的某些发展是相联系的，且制取苯时，加氢产物（环己烷和甲基环己烷）的含量略有增加。对催化加氢精制工艺的研究表明，饱和烃的分解反应（加氢裂解）得到发展，于是能制取不含饱和烃杂质并因而具有高结晶点（不低于5.4℃）的苯。这种工艺方法虽然比较复杂，但在脱除苯中的非芳香烃杂质时，不需采用如萃取精馏法和结晶法等专门的方法。由于苯与其同系物相比，是较稀少的贵重产品，所以加氢精制过程才能与苯的同系物脱烷基过程相结合。此法即“Litol”法，工艺过程比较复杂，这种方法目前在宝钢被采用。

2.4.1.3 粗苯加氢条件

粗苯中的芳烃类物质加氢精制的主要反应有：加氢脱硫、加氢脱氮、加氢脱氧反应以及烯烃和芳烃（主要是稠环芳烃）的加氢饱和反应；还有少量的开环、断链和缩合反应。加氢精制的目的是将非烃类物质含有的杂原子硫、氮、氧分别转化为硫化氢（H_2S）、氨（NH_3）、水（H_2O）加以脱除，其主体部分生成相应的烃类。这些反应一般包括一系列平行顺序反应，构成复杂的反应网络。而反应深度和反应速率，主要取决于原料油性质、催化剂性能及加氢工艺条件。

粗苯的催化加氢精制应具备下列条件：

① 硫化合物，包括其中所含的噻吩，应全部除掉，以适应对苯的质量要求。目前，对苯的质量要求是很高的，实际应用中必须生产无硫苯，产品纯苯含硫量$\leqslant 0.5\times10^{-6}$。

② 应使不饱和化合物完全加氢，否则就不能制取优质的苯和甲苯。

③ 含硫化合物和不饱和化合物加氢时，必须控制反应条件，反应条件过于激烈，可能造成苯系物结构受到破坏，导致苯系产品的产率降低，并影响精馏系统操作。

2.4.2 加氢脱硫

(1) 硫化物的类型

将原料中的硫化物归纳分类，除了原料中的元素硫和硫化氢之外，它们都是以有机硫化物形式存在于粗苯中的。我们通常将有机硫化物分为非噻吩类和噻吩类两种。

① 非噻吩类硫化物　包括硫醇（R—SH）、硫醚（R—S—R′）和二硫化物（R—S—S—R′）等。

② 噻吩类硫化物　即杂环硫化物，包括噻吩、苯并噻吩、二苯并噻吩、萘

并噻吩及其烷基衍生物等。

在加氢精制过程中，反应系统生成的硫化氢亦产生效果不同的两种影响。对于非贵金属硫化型催化剂而言，一方面需要保持一定的硫化氢分压，以防止因催化剂硫的流失而引起活性的衰减；另一方面硫化氢的不利影响有：a. 抑制脱硫活性；b. 与反应过程中生成的 NH_3 形成 NH_4HS 而堵塞系统；c. 当硫化氢浓度高时会对设备产生腐蚀作用。因此，在使用非贵金属催化剂的临氢催化反应系统中的硫化氢浓度通常要求保持在 0.03%～0.05% 范围内。

(2) 加氢脱硫反应

粗苯馏分中含硫化合物的 C—S 键是比较容易断裂的，由表 2-1 看出，C—S 键的键能为 272kJ/mol，小于 C—C 键的键能（348kJ/mol）。因此，在加氢过程中，C—S 键较易断开并生成相应的烃类和硫化氢。

表 2-1 各种化学键的键能

化学键	C—H	C—C	C═C	C—N	C═N	C—S	N—H	S—H
键能/(kJ/mol)	413	348	614	305	615	272	391	367

表 2-2 介绍的是在加氢精制过程中各种典型硫化物加氢后的最终产物变化情况。实际上，这些含硫化合物不同程度地同时存在于原料中，在加氢精制过程中，它们被脱除的先后顺序也各不相同。一般来说，硫醇、硫醚、二硫化物等结构简单的非噻吩类硫化物容易被脱除，而结构较复杂的噻吩类硫化物则难以脱除，尤其以结构较复杂的具有屏蔽效应的 4,6-二甲基二苯并噻吩最难脱除。表 2-3 列出了各类含硫化合物在不同温度下加氢脱硫反应的化学平衡常数及热效应。

表 2-2 典型含硫化合物的加氢脱硫反应

含硫化合物	反应
硫醇	$RSH+H_2 \longrightarrow RH+H_2S$
二硫化物	$RSSR'+3H_2 \longrightarrow RH+R'H+2H_2S$
硫醚	$R-S-R'+2H_2 \longrightarrow RH+R'H+H_2S$
噻吩	噻吩 $+4H_2 \longrightarrow CH_3CH_2CH_2CH_3+H_2S$
苯并噻吩	苯并噻吩 $+3H_2 \longrightarrow$ 乙苯（$C_6H_5-CH_2CH_3$）$+H_2S$
二苯并噻吩	二苯并噻吩 $+2H_2 \longrightarrow$ 联苯 $+H_2S$

表 2-3　含硫化合物加氢脱硫反应的化学平衡常数及热效应

反　　应	$\lg K_p$			ΔH(700K)/(kJ/mol)
	500K	700K	900K	
$CH_3SH+H_2 \longrightarrow CH_4+H_2S$	8.37	6.10	4.96	
$C_2H_5SH+H_2 \longrightarrow C_2H_6+H_2S$	7.06	5.01	3.84	
$n\text{-}C_3H_7SH+H_2 \longrightarrow C_3H_8+H_2S$	6.05	4.45	3.52	−70
$(CH_3)_2S+2H_2 \longrightarrow 2CH_4+H_2S$	15.68	11.42	8.68	
$(C_2H_5)_2+2H_2 \longrightarrow 2C_2H_6+H_2S$	12.52	9.11	7.13	
$CH_3—S—S—CH_3+3H_2 \longrightarrow 2CH_4+2H_2S$	26.08	19.03	14.97	−117
$C_2H_5—S—S—C_2H_5+3H_2 \longrightarrow 2C_2H_6+2H_2S$	22.94	16.79	13.23	
(四氢噻吩, S) $+2H_2 \longrightarrow n\text{-}C_4H_{10}+H_2S$	8.79	5.26	3.24	−112
(四氢噻喃, S) $+2H_2 \longrightarrow n\text{-}C_5H_{12}+H_2S$	9.22	5.92	3.97	−113
(噻吩, S) $+4H_2 \longrightarrow n\text{-}C_4H_{10}+H_2S$	12.07	3.85	−0.85	−281
(甲基噻吩, S, CH_3) $+4H_2 \longrightarrow i\text{-}C_5H_{12}+H_2S$	11.27	3.17	−1.43	−276

由表 2-3 可见，除噻吩类硫化物外，其他含硫化合物的反应平衡常数在很大的温度范围内都是正值，而且其数值也较大，这说明从热力学上看它们都可以达到很高的转化率。由于含硫化合物的加氢脱硫反应是相当强的放热反应，这些平衡常数的值都是随温度的升高而降低的，这一点说明过高的反应温度对加氢脱硫反应是不利的。

美国对一个工艺过程中兼有加氢脱硫、加氢裂解和加氢脱烷基的反应曾进行过详细研究，并得到所谓“Litol”过程，在温度为 600℃、压力为 50～60atm（1atm＝101325Pa）、循环气中含氢 70％～80％的条件下进行的，原料和产物的组成（％）数据（表 2-4）表明，加氢脱硫反应、加氢裂解反应和加氢脱烷基反应都有深度发展，并且还证明有缩聚反应。

产物中的联苯是缩聚产物，为了限制这些反应的进行，在系统中应维持较高的氢分压。

表 2-4 高温加氢原料和产物组成 单位：%

组 分	原料	产物	组 分	原料	产物
苯	73.09	90.34	苯乙烯和茚	3.56	—
甲苯	12.31	7.69	噻吩	0.97	—
C_8 芳香烃	5.80	0.51	联苯	—	1.29
C_9 芳香烃	0.83	0.06	烷烃、环烷烃、链烯烃	3.39	0.06

催化剂上的结焦现象，比少量不饱和化合物落入精制产物中的影响更恶劣。降低温度可以使结焦过程减弱，同时又能阻止脱烷基过程的进行。生产实际表明，使用铅钼钴催化剂时，加氢脱烷基在575℃时便开始明显地进行，但较好的结果是在温度为600℃、压力为50atm和氢与甲苯的摩尔比为6∶1时得到的。

加氢中的结焦现象，一般是加氢裂解过程所固有的，焦炭沉积在催化剂的表面上，多半是由于芳香烃与不饱和化合物的缩合、芳香烃的缩聚或不饱和烃的缩聚作用以及在很小程度上烃分子分解为碳和氢所引起的。芳香烃的缩聚反应受热力学平衡所限制，并且当氢的浓度增加时，平衡向生成苯的方向移动。

在减少焦炭生成量方面，除了增加氢气分压、通入水蒸气、尽量降低温度外，很有效的办法是降低精制粗苯馏分中的高沸点烃的含量。高沸点烃在很大程度上能导致裂解过程加剧，不饱和化合物增多。至于精制馏分在稳定加氢时的结焦，多半是不饱和化合物的聚合作用所引起的。在这种情况下，可以用下述办法来减弱结焦过程：降低精制粗苯馏分中不饱和化合物的含量（降低干点温度，充分提取初馏分）以及提高氢气压力。

表2-5单独列出了噻吩在不同温度和压力下的加氢脱硫反应的平衡转化率。

表 2-5 噻吩加氢脱硫反应的平衡转化率

温度/K	平衡转化率/%			
	0.1MPa	1.0MPa	4.0MPa	10.0MPa
500	99.2	99.9	100	100
600	98.1	99.5	99.8	99.8
700	90.7	97.6	99.0	99.4
800	68.4	92.3	96.6	98.0
900	28.7	79.5	91.8	95.1

由表2-5看出，压力越低时，温度的影响越明显；温度越高时，压力的影响越显著。显然，对噻吩而言，欲想达到较高的加氢脱硫率，反应压力应不低于

4.0MPa，反应温度应不高于700K（约425℃）。但是，当有氢和相应的催化剂存在时噻吩的分解便进行得十分完全，并具有令人满意的工艺过程模式所容许的速度。

对于多数含硫化合物来说，在相当高的温度和压力范围内，其脱硫反应的化学平衡常数是相当大的，即有很高的化学平衡转化率。但这并不等于其脱硫率必然会很高，只有在平衡转化率和反应速率都很高时，才有可能达到很高的脱硫率。或者说，在实际的加氢过程中，对大多数含硫化合物来说，决定脱硫率高低的是反应速率而不是化学平衡转化率。

含硫化合物的加氢反应速率与其分子结构有密切的关系。不同类型的含硫化合物的加氢反应速率按以下顺序依次增大：噻吩＜四氢噻吩≈硫醚＜二硫化物＜硫醇。

如上所述，原料中的各种含硫化合物的加氢脱硫反应速率，以噻吩类硫化物为最低。而在噻吩类硫化物中，随着环烷环和芳香环数目的增加，其加氢反应速率下降，含有三个芳香环的二苯并噻吩，加氢脱硫最难，数据见表2-6，可见屏蔽效应（亦称为空间位阻）影响之大。

表2-6　某些噻吩类化合物的加氢反应速率常数（300℃，7.1MPa，Co-Mo/Al_2O_3 催化剂）

化合物		相对反应速率常数
二苯并噻吩	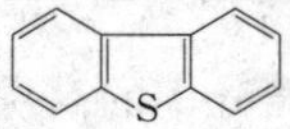 S	4.4
苯并[b]萘并[2,3-d]噻吩	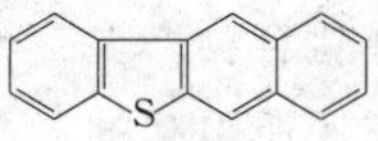 S	11.4
噻吩	 S	100
苯并噻吩	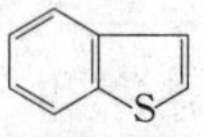 S	58.7

噻吩及其衍生物加氢脱硫的反应活性顺序是噻吩＞苯并噻吩＞二苯并噻吩。若继续增加环数，加氢脱硫反应速率又有所回升，这种现象可能是多元芳香环在加氢之后，由于氢化芳香环皱起，空间阻碍变得不那么严重所致。

加氢时，粗苯中所含的硫化合物是最稳定的，而在加热处理时，则噻吩又是最稳定的。二硫化碳和硫醇等含硫化合物在温度为300℃、氢压为5atm下能被充分转化。噻吩及其同系物在高温下十分稳定，甚至在800℃下也不分解，这就是它在高温炼焦粗苯中含量高的原因。

经研究，噻吩分解方式是顺次进行噻吩的加氢和氢化噻吩的生成，然后氢化噻吩环破裂并生成丁硫醇，最后生成丁烷和硫化氢，噻吩的加氢反应过程及顺序如下述方程式所示：

$$HC{=}CH{-}CH{=}CH{-}S\ (\text{噻吩}) + 2H_2 \longrightarrow H_2C{-}CH_2{-}CH_2{-}CH_2{-}S \xrightarrow{H_2} H_2C(SH){-}CH_2{-}CH_2{-}CH_3 \xrightarrow{H_2} C_4H_{10} + H_2S$$

上述过程由下列阶段组成：噻吩在催化剂（钼的二硫化物）表面上吸附，噻吩分子由于与吸附在催化剂上的氢原子互相作用而部分加氢，于是碳-硫的结合键破裂，硫原子与催化剂的金属原子化合，吸附的硫加氢便成为硫化氢，并同时生成丁烷（或丁烯）。

经研究表明，噻吩氢解为硫化氢和丁烷反应的热力学计算方程式为：

$$K_p=\frac{p_\partial p_C}{p_X p_S^4}=\frac{X^2(5-3X)^2}{4p^3(1-X)^5}$$

式中　K_p——平衡常数，用分压表示；

p——系统内的总压；

p_∂，p_C，p_X，p_S——丁烷、硫化氢、噻吩和氢气的分压；

X——噻吩的转化率。

平衡常数和噻吩的平衡转化率的计算，在反应组分的化学计量关系中表明，随着温度的升高，平衡常数和噻吩的氢解程度降低，而当压力增加时，噻吩氢解程度提高（表 2-7）。

表 2-7　平衡常数和噻吩氢解程度与温度和压力的关系

温度/K	$\lg K_p$	在下列压力下,噻吩氢解的平衡深度/%					
		1atm	10atm	20atm	30atm	40atm	50atm
300	30.35	30.35	100	100	100	100	100
400	18.92	18.92	100	100	100	100	100
500	12.20	99.20	99.94	100	100	100	100
600	7.18	98.12	99.53	99.66	99.74	99.80	99.82
700	3.74	90.71	97.69	98.43	98.78	99.01	99.11
800	1.14	68.43	92.30	94.98	95.68	96.68	97.11
900	−0.904	28.78	79.56	85.55	89.66	91.38	92.49

噻吩氢解为硫化氢和丁烷的平衡深度，在不同温度下与压力的关系示于图 2-3。从所列出的数据中可以看出，要增加噻吩氢解的深度，提高压力是一个有效因素。

当温度提高到大约 450～480℃时加氢精制过程开始伴随有加氢裂解过程，加氢裂解过程是碳氢化合物的裂解、裂解产物的加氢、芳香烃的加氢脱烷基和氢化芳香烃的脱氢等一系列反应循序进行的复杂过程。此外，还可能产生不希望发

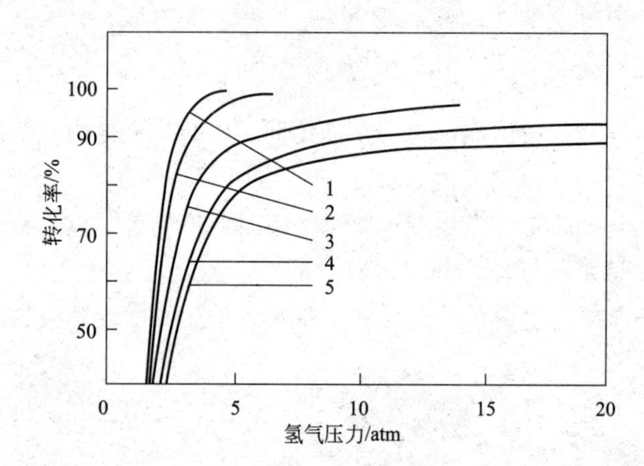

图 2-3　噻吩氢解为硫化氢和丁烷的平衡深度与压力的关系

1—350K；2—400K；3—500K；4—550K；5—575K

生的缩聚反应和结焦。选好过程的生产条件，是为了防止最后两种不希望的反应发生。

在加氢精制使用的硫化稳定的催化剂（如铝钼钴催化剂）上，有机硫化物的氢解反应和不饱和烃的加氢反应都占优势，而烃类的裂解反应和异构化反应则大大减弱，这就必然使温度迅速提高。专家们研究了铝钼钴加氢脱硫催化剂的作用，确定直到475℃为止在较大的氢压范围内，加氢反应的活化能为14.5kcal/mol，而裂解反应的活化能为17.5kcal/mol。在这些条件下，不能保证噻吩既完全分解而又没有明显的芳香烃和链烃的加氢作用。

2.4.3　加氢脱氮

(1) 含氮化合物的类型

原料粗苯中含有不同类型的有机氮化物。分析表明，其馏分中的含氮化合物主要是杂环化合物，非杂环化合物（脂族胺、腈类）含量较少。含氮化合物的分布规律是：在较轻的馏分中，以单环、双环杂环含氮化合物（如吡啶、喹啉、吡咯和吲哚等）为主；多环及稠环芳烃大部分都是以胶质或沥青质状态富集在重质馏分油中，这部分化合物大都集中在重苯馏分中。根据原料中含氮化合物碱性的强弱，可将其分成非碱性氮化物（$pK_a<2$）和碱性氮化物（$pK_a>2$）两类，在浓度为1∶1的冰醋酸和苯溶液中能被高氯酸滴定的称为碱性氮化物，不能被滴定的称为非碱性氮化物。馏分中碱性氮化物对应的氮含量称为碱性氮。一般情况下碱性氮化物含量占全部氮化物总量的1/4～1/3。馏分中的典型的氮化物及pK_a值见表2-8。

表 2-8　一些典型氮化物的 pK_a 值

含氮化合物		结构式	pK_a 值
碱性氮化物	胺系		
	二乙胺	$(C_2H_5)_2NH$	11.0
	四氢吡咯	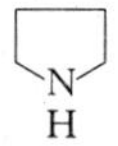 N H	11.3
	苯胺	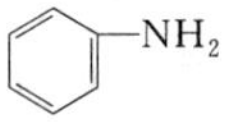 NH_2	4.6
	2,6-二甲基苯胺	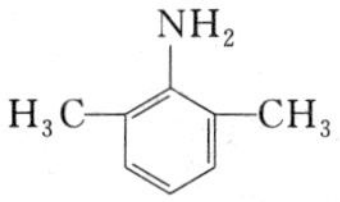 NH_2 H_3C　CH_3	3.9
	吡啶系		
	吡啶	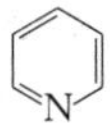 N	5.2
	2-甲基吡啶	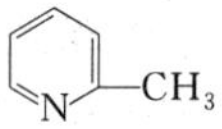 N　CH_3	6.5
	2,4-二甲基吡啶	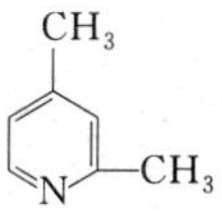 CH_3 N　CH_3	7.0
	四氢喹啉	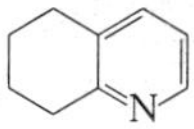 N	5.0
	喹啉	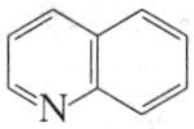 N	4.9
	2,4-二甲基喹啉	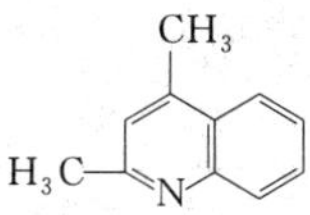 CH_3 H_3C　N	5.1
	吖啶	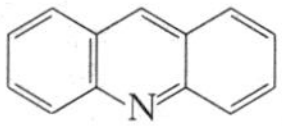 N	5.6
	菲啶	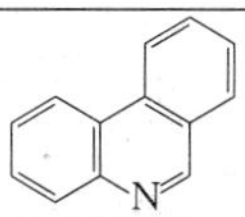 N	4.5

续表

	含氮化合物	结构式	pK_a值
非碱性氮化合物	吡咯系		
非碱性氮化合物	吡咯	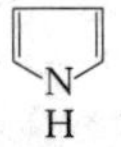 N H	−0.3
非碱性氮化合物	2-甲基吡咯	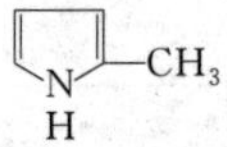 N H —CH_3	0.2
非碱性氮化合物	吲哚	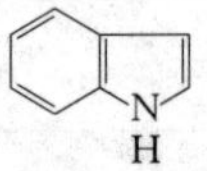 N H	−2.4
非碱性氮化合物	1-甲基吲哚	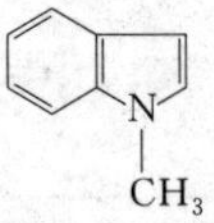 N—CH_3	−1.8
非碱性氮化合物	咔唑	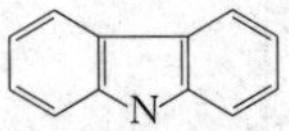 N	<−2
非碱性氮化合物	酰胺系		
非碱性氮化合物	乙酰胺	CH_3CONH_2	−0.5
非碱性氮化合物	苯甲酰胺	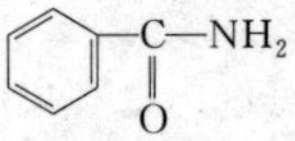 —C(=O)—NH_2	−1.8
非碱性氮化合物	乙酰基苯胺	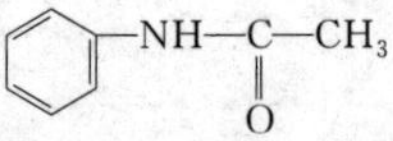 —NH—C(=O)—CH_3	−1.6

(2) 加氢脱氮反应

典型的含氮化合物主要有胺类、吡啶类和吡咯类等。它们的加氢脱氮化学反应见表 2-9。

表 2-9 典型含氮化合物的加氢脱氮反应

$R-NH_2+H_2 \longrightarrow RH+NH_3$
$RCN+3H_2 \longrightarrow RCH_3+NH_3$
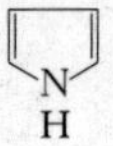 (吡咯, N H) $+4H_2 \longrightarrow C_4H_{10}+NH_3$
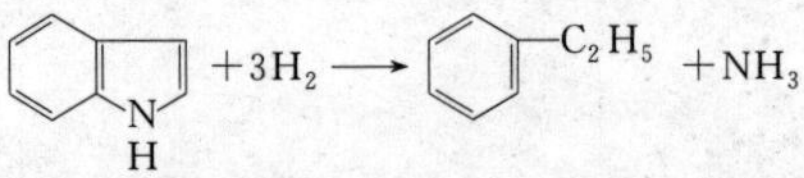 (吲哚, N H) $+3H_2 \longrightarrow$ (苯环)—C_2H_5 $+NH_3$

续表

$+5H_2 \longrightarrow C_5H_{12}+NH_3$
$+4H_2 \longrightarrow$ $-C_3H_7$ $+NH_3$

喹啉和吲哚加氢一般是先加氢饱和，然后再进行氢解生成相应的烃类和氨。了解氮杂环的加氢饱和及氢解反应的内在关系对于深入掌握吡咯类和吡啶类含氮化合物的加氢脱氮反应的实质是十分重要的。

2.4.4 加氢脱氧

(1) 含氧化合物的类型

原料中的氧元素都是以有机含氧化合物形式存在的，这些含氧化合物大致分为两种：一种是酸性含氧化合物，如脂肪酸、环烷酸、芳香羧酸、酚类及呋喃类化合物等；另一种是中性含氧化合物，如酮、醛和酯类等。

(2) 含氧化合物的加氢反应

馏分中的环烷酸、酚类及呋喃类含氧化合物在催化加氢过程中脱氧生成相应的烃类和水。表 2-10 表示出几种有机含氧化合物加氢脱氧反应的平衡常数及反应热。

表 2-10 几种有机含氧化合物加氢脱氧反应的平衡常数及反应热

反 应	$\lg K_p$		$\Delta H/(\mathrm{kJ/mol})$
	350℃	400℃	
$+4H_2 \rightleftharpoons n\text{-}C_4H_{10}+H_2O$	11.4	9.2	−135
$+2H_2 \rightleftharpoons n\text{-}C_4H_{10}+H_2O$	11.4	10.2	−84
$+2H_2 \rightleftharpoons$ $-C_2H_5$ $+H_2O$	10.0	9.3	−105

由表 2-10 可以看出，含氧化合物加氢脱氧反应的平衡常数值较大，对反应平衡有利。加氢脱氧反应是强放热反应。通过比较可以发现，在含硫、含氮和含氧化合物中，以含氮化合物的加氢反应最难进行，其次是含氧化合物，最容易进行的是含硫化合物的加氢反应。各类反应的速率按其大小排序如下：

二烯烃饱和>脱硫>脱氧>单烯烃饱和>脱氮>芳烃饱和

为了全面了解烃类及非烃类含硫、含氮和含氧化合物加氢反应的相对反应速率，利用 $CoO\text{-}MoO_3/Al_2O_3$ 催化剂，在344℃及4.86MPa条件下，对有代表性的各类物质进行加氢，测得的反应速率常数列于表2-11。

表 2-11 各类化合物加氢反应的相对反应速率常数

化合物	相对反应速率常数	化合物	相对反应速率常数
烃类		含氮化合物	
2-甲基萘	1.0	吲哚	0.9
含硫化合物		邻乙基苯胺	1.1
2,3-二甲基硫醇	1.4	喹啉	1.3
二苯并噻吩	3.6	含氧化合物	
苯并噻吩	3.4	苯并呋喃	1.0
苯硫酚	>10	二苯并呋喃	0.4
硫醚	>50	二苯基苯酚	1.4
		2-苯基-1-环己醇	>10

综上所述，粗苯加氢反应是一个复杂的过程，主要的目标是提高主反应的速率，抑制副反应的速率，可以通过以下措施实现：一是选择适合的催化剂；二是选择适当的温度和压力，达到理想的平衡常数；三是严格控制来料的组成，达到尽量稳定；四是根据原料的组成和性质适当增加阻聚剂和脱盐水的注入。由此来看，原料的采购与预处理也是至关重要的，预处理过程的控制一定要根据来料的不同随时调整操作参数，给加氢反应创造有利条件。

粗苯催化加氢精制时，要在一个工艺过程中使上述条件相结合是有不少困难的。选择催化剂以后，就能使这个过程得以进行。这种催化剂能保证在苯族烃存在的同时，对不饱和化合物的加氢和硫化合物的破坏过程有足够的选择性。有关催化剂的选择参见后面有关章节的叙述。

经过多年的研究和归纳，发现在各类形式的加氢精制反应中，其加氢难度由大到小的顺序遵循以下规律：

① C—C键的断裂比C—O、C—S及C—N键的断裂更困难；

② 芳烃加氢>加氢脱氮>加氢脱氧>加氢脱硫；

③ 弹芳烃加氢≫烯烃加氢>环烯加氢；

④ 单环芳烃加氢>双环芳烃加氢>多环芳烃加氢。

在正确掌握和运用上述规律的基础上，可以根据原料性质和目的产品质量要求来选用性能优异的催化剂，以最佳的工艺条件实施加氢精制操作。同时还必须注意：在满足产品质量和减少氢气消耗的同时，要最大限度地控制和减少裂解反应发生，以获取最高的液体收率。

2.5 精馏原理

在石化、石油、轻工等生产过程中，经常需要将液体混合物分离以达到提纯或回收有用组分的目的。分离均相混合液的方法有多种，其中蒸馏是最常用的一种分离方法。蒸馏分离的依据是利用液体混合物中各组分挥发性的差异将其分离。在一定压力下，混合物中各组分的挥发性不同，也就是说，在相同的温度条件下，各组分的饱和蒸气压不同。一般情况下，将挥发性大的组分称为易挥发组分或轻组分，以A表示；挥发性小的组分或重组分，以B表示。如果进行多次部分汽化或部分冷凝，最终可得到较纯的轻、重组分，这称为精馏。精馏通常在塔设备中进行，既可以用板式塔也可以用填料塔。由于精馏过程是物质在两相间的转移过程，故属传质过程。蒸馏操作有多种分类方法，如按蒸馏方式可分为简单蒸馏、平衡蒸馏、精馏及特殊精馏；按操作方式又分为间歇蒸馏和连续蒸馏。

由于平衡蒸馏和简单蒸馏均不能得到高纯度的产品，若对混合物进行较完全的分离，工程上常采用精馏操作。精馏是利用混合液中各组分间挥发度的差异，通过多次部分汽化、部分冷凝实现液体混合物分离，并获得高纯度产品的一种操作。

2.5.1 双组分溶液的气液平衡

气液平衡是指溶液与其上方蒸气达到平衡时气液两相间各组分组成的关系。

2.5.1.1 理想液体的气液平衡

对于双组分均相液体混合物，根据溶液中同种分子间作用力与异种分子间作用力的不同可分为理想溶液和非理想溶液。工程上组分分子结构相似的溶液可近似看作是理想溶液，例如苯-甲苯在0.2MPa以下的轻烃混合物均可视为理想溶液。

实践证明，理想溶液的气液相平衡遵从拉乌尔定律，拉乌尔定律指出，在一定温度下，气相中任一组分的平衡分压等于此组分为纯液态时在该温度下的饱和蒸气压与其在溶液中的摩尔分数之积。因此，对于含有A、B组分的理想溶液可以得出：

$$p_A = p_A^0 x_A \tag{2-1}$$

$$p_B = p_B^0 x_B = p_B^0 (1 - x_A) \tag{2-2}$$

式中 p_A，p_B——溶液上方 A 和 B 两组分的平衡分压，Pa；

p_A^0，p_B^0——同温度下，纯组分 A 和 B 的饱和蒸气压，Pa；

x_A，x_B——混合液中 A 组分和 B 组分的摩尔分数。

非理想溶液的气液平衡关系可用修正的拉乌尔定律或由实验测定。

液相为理想溶液，气相为理想气体的物系称为理想物系。理想物系气相遵从道尔顿分压定律，即总压等于各组分分压之和。

对于双组分物系：

$$p = p_A + p_B \tag{2-3}$$

式中 p——气相总压，Pa；

p_A，p_B——A 组分、B 组分在气相中的分压，Pa。

根据拉乌尔定律和道尔顿分压定律，双组分理想体系气液两相平衡时，系统总压、组分分压与组成的关系为：

$$p_A = p y_A = p_A^0 x_A \tag{2-4a}$$

$$p_B = p y_B = p_B^0 x_B \tag{2-4b}$$

式中 y_A——A 组分在气相中的摩尔分数；

y_B——B 组分在气相中的摩尔分数。

将式(2-4a) 和式(2-4b) 代入式(2-3) 得：

$$p = p_A + p_B = p_A^0 x_A + p_B^0 x_B = p_A^0 x_A + p_B^0 (1 - x_A)$$

由上式得：

$$x_A = \frac{p - p_B^0}{p_A^0 - p_B^0} = f(p, t) \tag{2-5}$$

式(2-5) 称为泡点方程。该方程描述在一定压力下平衡物系的温度与气相组成的关系。它表示在一定压力下，液体混合物被加热产生第一个气泡时的温度，称为液体在此压力下的泡点温度（简称泡点）。此泡点也为该组分的混合蒸气全部冷凝成液体时的温度。

由式(2-4a)、式(2-4b) 和式(2-5) 的公式可推得：

$$y_A = \frac{p_A}{p} = \frac{p_A^0 x_A}{p} = \frac{p_A^0}{p} \times \frac{p - p_B^0}{p_A^0 - p_B^0} = f(p, t) \tag{2-6}$$

式(2-6) 称为露点方程。该方程描述了在一定压力下平衡物系的温度与气相组成的关系。它表示在一定压力下，混合蒸气开始冷凝出现第一滴液滴时的温度，称为该蒸气在此压力下的露点温度（简称露点）。露点也为该组成的混合液体全部汽化时的温度。

2.5.1.2 温度组成图

在总压恒定的情况下，气液组成与温度的关系可用 t-x-y 图表示，该图对蒸馏过程分析具有重要意义。t-x-y 图又称温度组成图，在总压恒定的情况下，根据泡点方程［式(2-5)］和露点方程［式(2-6)］，可确定理想溶液的气液相组成与温度的关系，图 2-4 为苯-甲苯体系的 t-x-y 图。

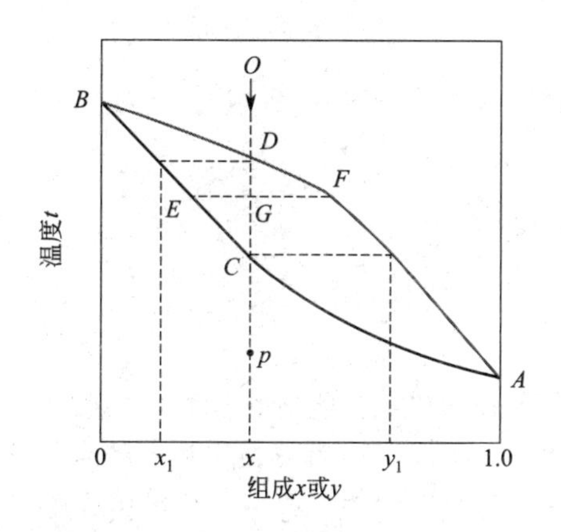

图 2-4　苯-甲苯体系的 t-x-y 图

图 2-4 中有两条曲线，其中下面的曲线为饱和液体曲线（泡点线），由泡点方程得到。上面的曲线为饱和蒸气线（露点线），由露点方程得到。泡点线以下的部分表示溶液尚未沸腾，为液相区；露点线以上的部分为温度高于露点的气相，称为过热气相区；两曲线之间表示气液两相同时存在，称为气液共存区。

2.5.1.3 气液平衡图

在蒸馏计算中经常使用气液平衡图，即 x-y 图，它表示在一定外压下，气相组成 y 和与之平衡的液相组成 x 之间的关系，见图 2-5。

2.5.1.4 挥发度与相对挥发度

(1) 挥发度

挥发度是物质挥发难易程度的标志，对于纯物质，挥发度以该物质在一定温度下饱和蒸气压的大小来表示。由于混合液中某一组分蒸气压受其他组分的影

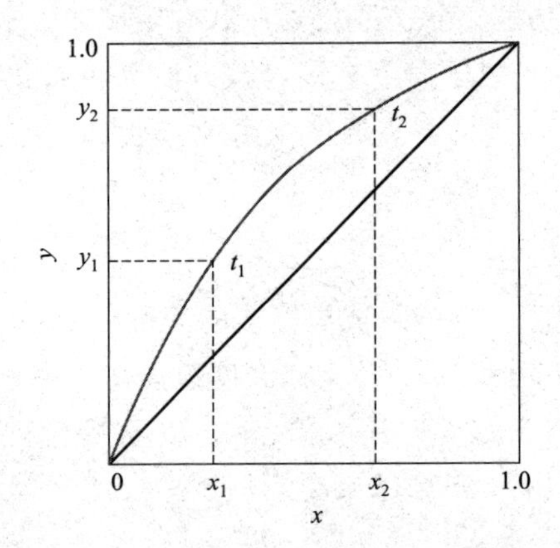

图 2-5　苯-甲苯体系的相平衡曲线

响，其挥发度比纯态时要低。对于 A 和 B 组成的双组分混合液，有：

$$\nu_A = \frac{p_A}{x_A} \tag{2-7a}$$

$$\nu_B = \frac{p_B}{x_B} \tag{2-7b}$$

式中　ν_A，ν_B——组分 A、B 的挥发度；

p_A，p_B——气液平衡时 A、B 组分在气相中的分压；

x_A，x_B——气液平衡时 A、B 组分在液相中的摩尔分数。

由上式可知，平衡时混合液中 x_A 越小，其气相分压 p_A 越大，则 A 组分的挥发性就越强。对于理想溶液，因其遵从拉乌尔定律，所以有：

$$\nu_A = \frac{p_A}{x_A} = \frac{p_A^0 x_A}{x_A} = p_A^0 \tag{2-8a}$$

$$\nu_B = \frac{p_B}{x_B} = \frac{p_B^0 x_B}{x_B} = p_B^0 \tag{2-8b}$$

对于理想溶剂而言，各组分的挥发度在数值上等于其饱和蒸气压。

(2) 相对挥发度

在蒸馏操作中，常用相对挥发度来衡量各组分挥发性的差异程度。溶液中两组分挥发度之比称为相对挥发度，以 $\alpha_{A\text{-}B}$ 表示 A 组分对 B 组分的相对挥发度。由于通常以易挥发组分的挥发度为分子，故通常 α 可表示为：

$$\alpha = \frac{\nu_A}{\nu_B} = \frac{\dfrac{p_A}{x_A}}{\dfrac{p_B}{x_B}} \tag{2-9}$$

当压力不太高时，气相遵从道尔顿分压定律，上式可写成：

$$\alpha=\frac{\dfrac{py_A}{x_A}}{\dfrac{py_B}{x_B}}=\frac{\dfrac{y_A}{x_A}}{\dfrac{y_B}{x_B}}=\frac{\dfrac{y_A}{y_B}}{\dfrac{x_A}{x_B}} \tag{2-10a}$$

即

$$\frac{y_A}{y_B}=\alpha\frac{x_A}{x_B} \tag{2-10b}$$

由式(2-10b) 可知，相对挥发度 α 值的大小表示两组分在气相中的浓度的比是液相中浓度比的倍数，α 值可作为混合物采用蒸馏法分离的难易标志，α 越大，组分越易分离。α 大于 1，即 $y>x$，说明该溶液可用蒸馏方法来分离；若 $\alpha=1$，说明物系的气相组成和与之相平衡的液相组成相同，则采用普通蒸馏方式无法分离此混合物；若 $\alpha<1$，则需要重新定义轻重组分，使 $\alpha>1$。

对于双组分物系，将 $x_B=1-x_A$，$y_B=1-y_A$ 代入上式得：

$$\frac{y_A}{1-y_A}=\alpha\frac{x_A}{1-x_A}$$

省略去 x、y 的下标得

$$y=\frac{\alpha x}{1+(\alpha-1)x} \tag{2-11}$$

式(2-11) 表示气液平衡时，气液两相组成与相对挥发度之间的关系，所以该方程称为相平衡方程。α 越大，在相同液相组成 x 下平衡气相组成 y 越大，表明该混合物越易分离。对于理想溶液，因遵从拉乌尔定律，故有：

$$\alpha=\frac{\nu_A}{\nu_B}=\frac{p_A^0}{p_B^0}=f(t) \tag{2-12}$$

即理想溶液的相对挥发度等于同温度下两纯组分的饱和蒸气压之比。

(3) 总压对气液相平衡的影响

t-x-y 图和 x-y 图都是在一定总压下得到的。当总压改变后，泡点线和露点线都会随之变化。图 2-6 表示总压对相平衡曲线的影响。当系统的总压由 p_1 增加到 p_2 时，t-x-y 图中泡点线和露点线向上移动，同时气液两相区变窄，相对挥发度变小，分离变得困难。在 x-y 图中，随着压力的增加，相平衡曲线向对角线靠拢，如图 2-6(b) 中 $p_2>p_1$，这时物系变得难分离，反之，总压降低，物系变得易于分离。

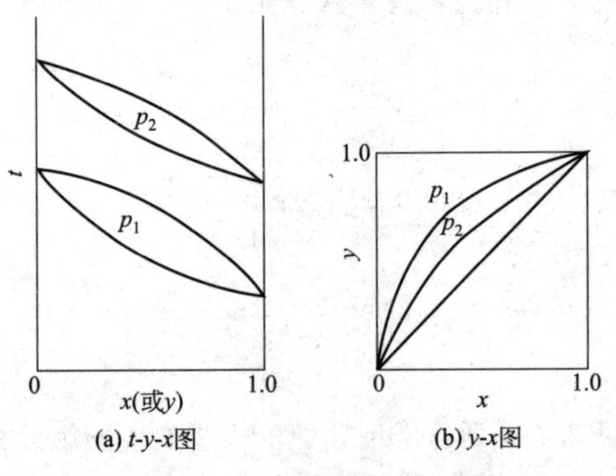

图 2-6　总压对相平衡曲线的影响

2.5.1.5　非理想溶液的气液平衡

在工业生产中，遇到的多数溶液为非理想溶液，它们与拉乌尔定律有较大的偏差，其根源在于同种分子间的作用力与异种分子间的作用力不同。因偏差有正负，故溶液可分为正偏差溶液和负偏差溶液。

(1) 正偏差溶液

当溶剂中异种分子间的作用力 f_{AB} 小于同种分子间的作用力 f_{AA} 和 f_{BB} 时，不同组分分子间的排斥倾向起主导作用，则在相同温度下溶液上方各组分的蒸气压力均大于拉乌尔定律的计算值，这种混合溶液称为正偏差溶液，如乙醇-水溶液、正丙醇-水溶液。对于具有正偏差的溶液，由于该溶液在较低的温度下，其总蒸气压即可与外界压力相等而使溶液沸腾，因此在 t-x-y 图上，泡点曲线比理想溶液的曲线低。同理，露点曲线也比理想溶液的曲线低。当异种分子间的排斥倾向大到一定程度时，泡点线与露点线相切出现最高蒸气压和相应的最低恒沸点。以乙醇-水溶液为例（图 2-7），在总压 101.33kPa，乙醇的摩尔分数 $x_M=0.894$ 时，出现最低沸点，所对应的温度为 78.15℃，称为最低恒沸点，显然它比水的沸点 100℃、乙醇的沸点 78.3℃均低，此时组分相对挥发度 $\alpha=1$，即图中 M 点，在 x-y 图中为相平衡曲线与对角线的交点，此时 $y=x$，具有该点组成的混合物称为恒沸物。显然在常压下无法用普通蒸馏方法将恒沸物分离。所以工业酒精中乙醇的摩尔分数不会超过 0.894。实际溶液以正偏差居多。

(2) 负偏差溶液

当异种分子间的吸引力 f_{AB} 比同种分子间的作用力 f_{AA}、f_{BB} 大时组分难于汽化，使得各组分的蒸气分压小于拉乌尔定律的计算值，这种混合溶液称为负偏差溶液，如硝酸-水、氯仿-丙酮等溶液。对于负偏差溶液，在 t-x-y

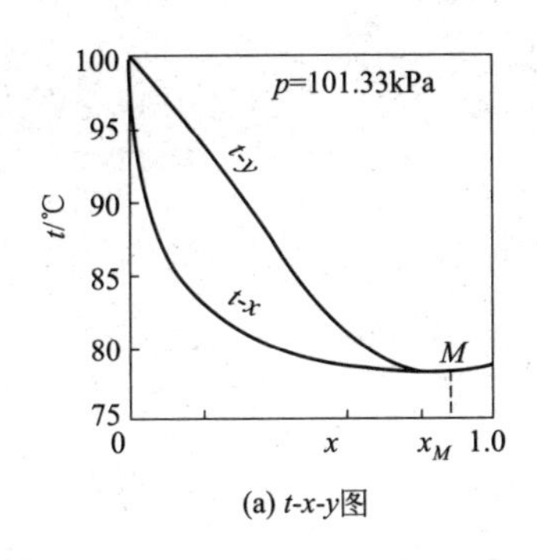

(a) t-x-y图

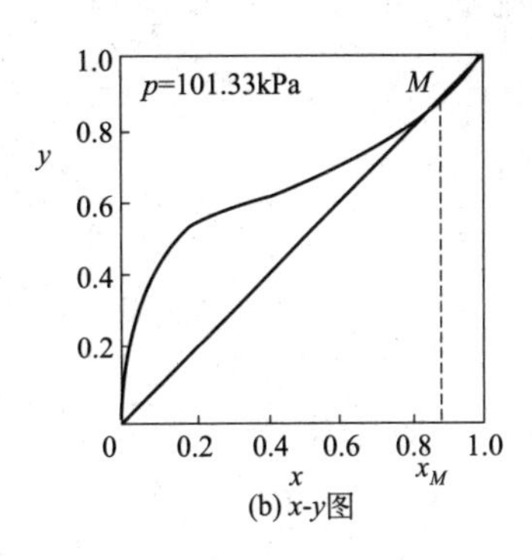

(b) x-y图

图 2-7　乙醇-水溶液相图

图上，泡点曲线比理想溶液曲线高。当负偏差到一定程度时，相图中也会出现特异点，出现最低蒸气压和相应的最高恒沸点。如图 2-8 所示的硝酸-水溶液，在总压 101.33kPa 下，恒沸组成 $x_M=0.383$，最高恒沸点 $t_M=121.9℃$，明显高于水的沸点 100℃与纯硝酸的沸点 86℃。图 2-8(b) 是硝酸-水溶液在常压下的 x-y 图，相平衡曲线与对角线的交点为 M，此点的 $\alpha=1$。

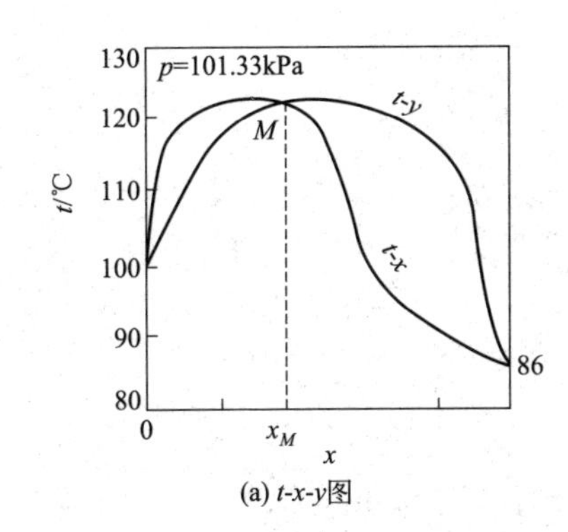

(a) t-x-y图

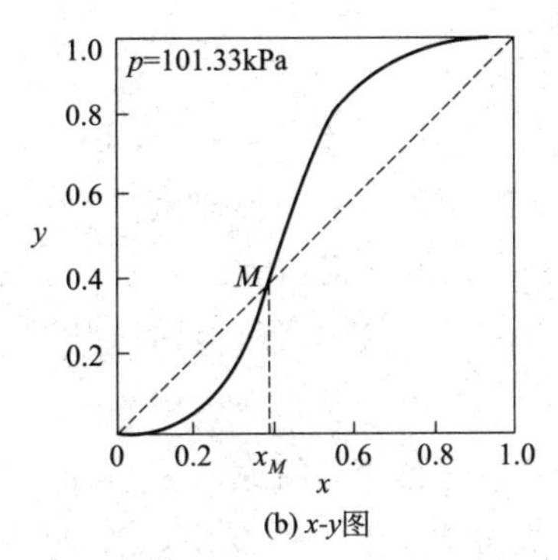

(b) x-y图

图 2-8　硝酸-水溶液相图

2.5.2　双组分混合液连续精馏塔的计算

在工业生产中蒸馏操作以精馏为主，在多数情况下采用连续精馏，在本节中讨论双组分精馏塔的工艺计算。其主要内容有：流出液和残液的流量、塔板层数、进料位置、塔高和塔径。

2.5.2.1　全塔物料衡算

连续精馏塔流程简图如图 2-9 所示，通过全塔的物料衡算，可以求出馏出液和残液的流量、组成以及和进料量、组成之间的关系。

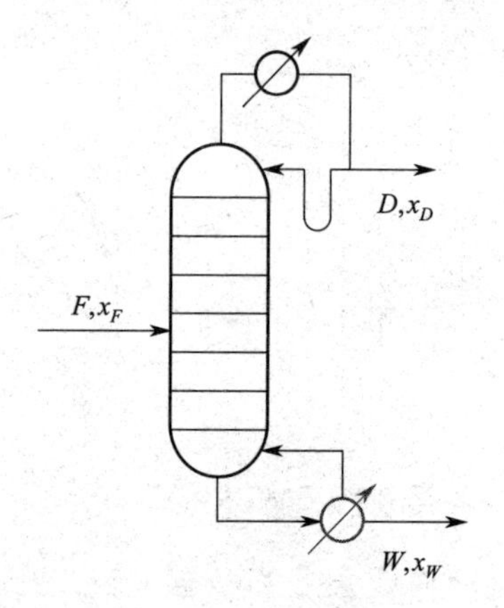

图 2-9　全塔物料衡算图

总物料衡算：

$$F=D+W \tag{2-13}$$

易挥发组分的物料衡算：

$$Fx_F=Dx_D+Wx_W \tag{2-14}$$

式中　F——原料液流量，kmol/h；

D——塔顶产品（馏出液）流量，kmol/h；

W——塔底产品（釜液）流量，kmol/h；

x_F——原料液组成（摩尔分数）；

x_D——塔顶产品组成（摩尔分数）；

x_W——塔底产品组成（摩尔分数）。

在上面两式中有六个变量，若知其中 4 个，则可求出其余两个。在设计型计算时，通常由设计任务给出 F、x_F、x_D、x_W，则上述两式联立就可求解塔顶、塔底产品流量 D 和 W。在精馏计算中，分离要求除可用塔顶和塔底产品组成表示外，有时还用回收率表示。回收率是指回收原料中易挥发或难挥发组分的百分数。即：

塔顶易挥发组分的回收率 $$\eta_D=\frac{Dx_D}{Fx_F}\times 100\% \tag{2-15}$$

塔底难挥发组分的回收率 $$\eta_W=\frac{W(1-x_W)}{F(1-x_F)}\times 100\% \tag{2-16}$$

另外，联立式(2-15)和式(2-16)两个回收率亦可求出馏出液的采出率$\frac{D}{F}$和釜液采出率$\frac{W}{F}$，即：

$$\frac{D}{F}=\frac{x_F-x_W}{x_D-x_W} \tag{2-17}$$

$$\frac{W}{F}=\frac{x_D-x_F}{x_D-x_W} \tag{2-18}$$

2.5.2.2 理论塔板的概念及恒摩尔流量的假设

(1) 理论塔板的概念

若精馏过程在板式精馏塔中进行，即塔板提供气液两相间传质的场所，由于未达到平衡的气液两相在塔板上的传质过程十分复杂，它不仅与物系有关，而且还与塔板结构和操作条件有关，同时在传质过程中还伴随传热过程，故传质过程难以用简单的数学方程来表示，为了简化设计计算引入理论塔板这一概念。理论塔板是指离开塔板的蒸气和液体呈平衡的塔板。其特点是不论进入该板的气液两相组成如何，离开该板的气液两相在传质、传热两方面达到了平衡，即离开该板的气液两相组成平衡，温度相等。理论塔板是为了便于研究塔板上的传质情况而人为假定的理论化塔板。实际上理论塔板并不存在，但它可以作为衡量实际塔板分离效果的一个标准。在设计计算中，可先求出理论塔板数，再根据塔板效率值来确定实际塔板数。

(2) 恒摩尔流量的假设

为了简化精馏计算，引入恒摩尔流量假设。该假设应满足以下条件：

① 两组分的摩尔汽化潜热相等；

② 气液两相接触时，因两相温度不同而交换的显热可忽略不计；

③ 设备热损失忽略不计。

a. 恒摩尔汽化精馏段内，在没有进料和出料的塔段中，从每层塔板上升的蒸气的摩尔流量相等，即：

$$V_1=V_2=\cdots=V=\text{常数} \tag{2-19}$$

同理，提馏段内每层塔板上升的蒸气的摩尔流量亦相等，即：

$$V_1'=V_2'=\cdots=V'=\text{常数} \tag{2-20}$$

式中　V——精馏段上升蒸气的摩尔流量，kmol/h；

　　V'——提馏段上升蒸气的摩尔流量，kmol/h。

（下标1、2…表示自上而下的塔板序号）

b. 恒摩尔汽化精馏段内，在没有进料和出料的塔段中，从每层塔板下降的液体的摩尔流量相等，即：

$$L_1=L_2=\cdots=L=常数 \tag{2-21}$$

同理，提馏段内每层塔板下降的液体的摩尔流量亦相等，即：

$$L_1'=L_2'=\cdots=L'=常数 \tag{2-22}$$

式中 L——精馏段下降液体的摩尔流量，kmol/h；

L'——提馏段下降液体的摩尔流量，kmol/h。

（下标 1、2…表示自上而下的塔板序号）

恒摩尔流汽化与恒摩尔溢流总称为恒摩尔流假设。应予指出，由于进料状态的影响，两段上升的蒸气摩尔流量不一定相同，下降的液体摩尔流量也不一定相同。

2.5.2.3 操作线方程

在连续精馏塔中，因原料液不断地进入塔内，故精馏段和提馏段的操作关系有所不同，应分别进行讨论。

(1) 精馏段操作线方程

在图 2-10 虚线所划定的范围内（包括精馏段中第 $n+1$ 块塔板以上的塔段及冷凝器在内）做物料衡算。

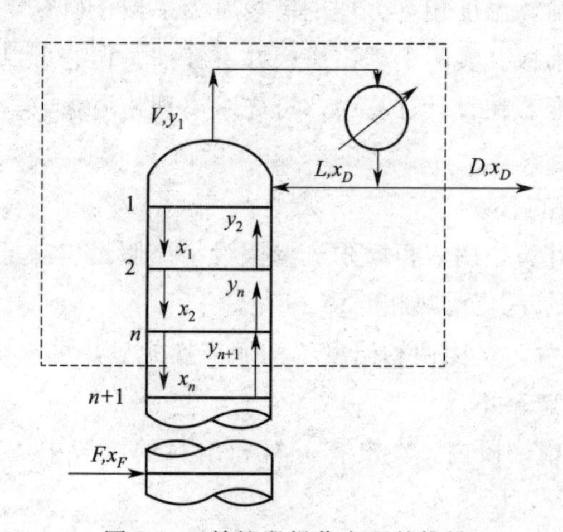

图 2-10 精馏段操作方程的推导

总物料衡算：

$$V=L+D \tag{2-23}$$

易挥发组分物料衡算：

$$Vy_{n+1}=Lx_n+Dx_D \tag{2-24}$$

式中 V——精馏段内每块塔板上升的蒸气摩尔流量，kmol/h；

L——精馏段内每块塔板下降的液体摩尔流量，kmol/h；

y_{n+1}——从精馏段第 $n+1$ 板上升的蒸气组成（摩尔分数）；

x_n——从精馏段第 n 板下降的液体组成（摩尔分数）。

由式(2-24) 得：

$$y_{n+1}=\frac{L}{V}x_n+\frac{D}{V}x_D \tag{2-25}$$

将式(2-23) 代入式(2-25) 得：

$$y_{n+1}=\frac{L}{L+D}x_n+\frac{D}{L+D}x_D \tag{2-26}$$

式(2-26) 右边两项的分子、分母同除以 D，并令 $R=L/D$，R 称为回流比，于是上式可写成：

$$y_{n+1}=\frac{R}{R+1}x_n+\frac{1}{R+1}x_D \tag{2-27}$$

式(2-25)～式(2-27) 均称为精馏段操作线方程。它们表示在一定操作条件下，任意板（第 n 板）下降的液体组成 x_n 和与其相邻的下一层板（即 $n+1$ 板）上升的蒸气组成 y_{n+1} 之间的关系。

由恒摩尔流量假设可知，L 及 V 均为常数，定态操作时，D 为定值，故 R 亦为定值。式(2-27) 为一直线方程式。将 $x_n=x_D$ 代入式(2-27) 中，得 $y_{n+1}=x_D$，可见该直线过对角线上的 a（x_D，x_D）点，并以 $R/(R+1)$ 为斜率，在 y 轴上的截距为$\frac{x_D}{R+1}$。塔顶的蒸气在冷凝器中全部冷凝为饱和液体，称此冷凝器为全凝器，冷凝液在泡点温度下部分回流入塔，称为泡点回流。回流液流量由回流比决定。即：

$$L=RD$$

对全凝器做物料衡算，得 $V=L+D=(R+1)D$

因此，精馏段下降液体量及上升蒸气量均取决于回流比 R。

(2) 提馏段操作线方程

在图 2-11 所示的范围内，包括提馏段中第 m 块塔板以下的塔段及再沸器做物料衡算。

总物料衡算：

$$L'=V'+W \tag{2-28}$$

易挥发组分的物料衡算

$$L'x_m=V'y_{m+1}+Wx_W \tag{2-29}$$

式中　L'——提馏段中每块塔板下降的液体流量，kmol/h；

V'——提馏段中每块塔板上升的蒸气流量，kmol/h；

x_m——提馏段第 m 块塔板下降液体中易挥发组分的摩尔分数；

y_{m+1}——提馏段第 $m+1$ 块塔板上升蒸气中易挥发组分的摩尔分数。

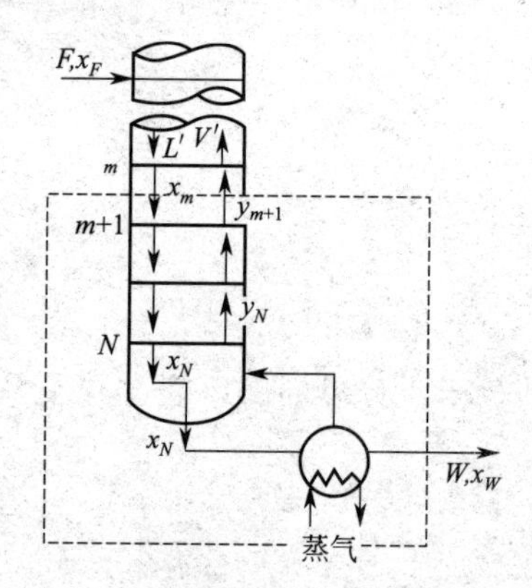

图 2-11 提馏段操作线方程的推导

由式(2-28) 和式(2-29) 得：

$$y_{m+1}=\frac{L'}{V'}x_m-\frac{W}{V'}x_W \tag{2-30}$$

$$y_{m+1}=\frac{L'}{L'-W}x_m-\frac{W}{L'-W}x_W \tag{2-31}$$

式(2-30) 和式(2-31) 均称为提馏段操作线方程。它们表示在一定操作条件下提馏段内自第 m 板（任意板）下降的液体组成 x_m 和与其相邻的下一层板（即 $m+1$ 板）上升蒸气组成 y_{m+1} 之间的关系。在定态连续操作过程中，W、x_W 为定值，同时由恒摩尔流量假设可知，L'和 V'为常数，故提馏段操作线亦为直线。当 $x_m=x_W$ 时，由式(2-31) 可得 $y_{m+1}=x_W$，即该直线通过对角线上的 b（x_W，x_W）点，以$\frac{L'}{V'}$为斜率，在 y 轴上的截距为$-\frac{W}{V'}x_W$。

2.5.2.4 进料热状况的影响及 q 线方程

在实际生产中，引入塔内的原料有 5 种不同的热状况：①冷液进料，即进料温度低于泡点；②饱和液体进料，即进料温度为泡点；③气液混合进料，料液温度介于泡点和露点之间；④饱和蒸气进料，即进料温度为露点；⑤过热蒸气进料，即进料温度高于露点。

(1) 进料热状况参数

在精馏塔内，由于原料的热状况不同，从而使加料板上升的蒸气量和下降的液体量发生变化。对进料板做物料衡算和热量衡算，衡算范围如图 2-12 所示。

物料衡算：

$$F+V'+L=V+L' \tag{2-32}$$

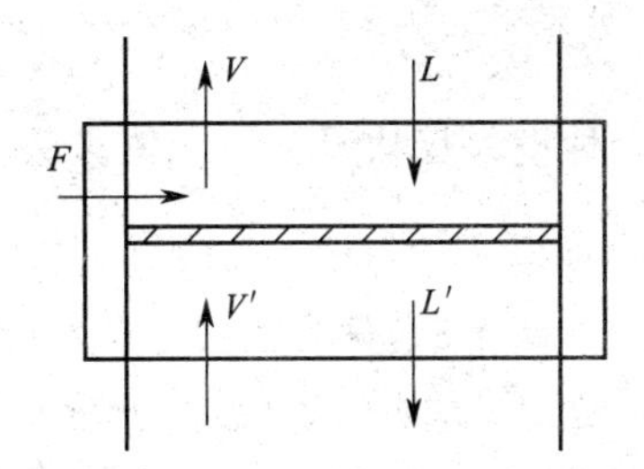

图 2-12 加料板的物料衡算与热量衡算

热量衡算：

$$Fh'_F+Lh_{F-1}+V'H_{F+1}=VH_F+L'h_F \tag{2-33}$$

式中 H——蒸气的摩尔焓，kJ/kmol；

h——液体的摩尔焓，kJ/kmol；

h'_F——原料的摩尔焓，kJ/kmol。

由于塔内各板上的液体和蒸气均呈饱和状态，相邻两板的温度和气相组成变化不大，所以可近似认为：

$h_{F-1}=h_F=h=$原料在饱和液体状态下的摩尔焓

$H_F=H_{F+1}=H=$原料在饱和蒸气状态下的摩尔焓

式(2-33) 可改写成：

$$\frac{H-h'_F}{H-h}=\frac{L'-L}{F} \tag{2-34}$$

令

$$q=\frac{H-h'_F}{H-h}=\frac{L'-L}{F} \tag{2-35}$$

即

$$q=\frac{\text{饱和蒸气的焓}-\text{原料的焓}}{\text{饱和蒸气的焓}-\text{饱和液体的焓}}$$

$$=\frac{\text{每摩尔原料汽化为饱和蒸气所需的热量}}{\text{原料的摩尔汽化潜热}}$$

式中，q 为进料热状况参数，进料状况不同，q 值亦不同。

由式(2-35) 得：

$$L'=L+qF \tag{2-36}$$

将式(2-36) 代入式(2-32) 得：

$$V'=V-(1-q)F \tag{2-37}$$

式(2-36) 和式(2-37) 关联了精馏塔内精馏段与提馏段上升蒸气量 V、V'，下降液体量 L、L'，原料液体量 F 及进料热状况 q 之间的关系。

(2) 各种进料状况下的 **q** 值

由式 $q=\dfrac{H-h_F'}{H-h}$知，5 种进料热状况下的 q 值。

① 冷液进料　因原料温度低于加料板上的泡点，故 $h_F'<h$，则 $q>1$。说明原料液进入加料板后需要吸收一部分热量使之达到泡点，这部分热量是由进入加料板的蒸气部分冷凝放出的潜热提供的。如图 2-13(a) 所示。$V<V'$，$L'>L+F$。

② 饱和液体进料　因原料温度与加料板上的温度相等，故 $h_F'=h$，则 $q=1$。如图 2-13(b) 所示，$V=V'$，$L'=L+F$。

③ 气液混合物进料　因原料已经部分汽化，故 $H>h_F>h$，则 $0<q<1$。即加入原料中的蒸气随着提馏段上升蒸气 V'一起进入精馏段，原料中的液体则随着精馏段下降的液体一起进入提馏段，如图 2-13(c) 所示，由式(2-35) 知，此时 q 值可用进料中液体量占总进料量的分率来表示。

④ 饱和蒸气进料　因 $h_F'=H$，故 $q=0$。如图 2-13(d) 所示。即进入塔内的饱和蒸气和提馏段上升蒸气 V'汇合进入精馏段。$V=V'+F$，$L'=L$。

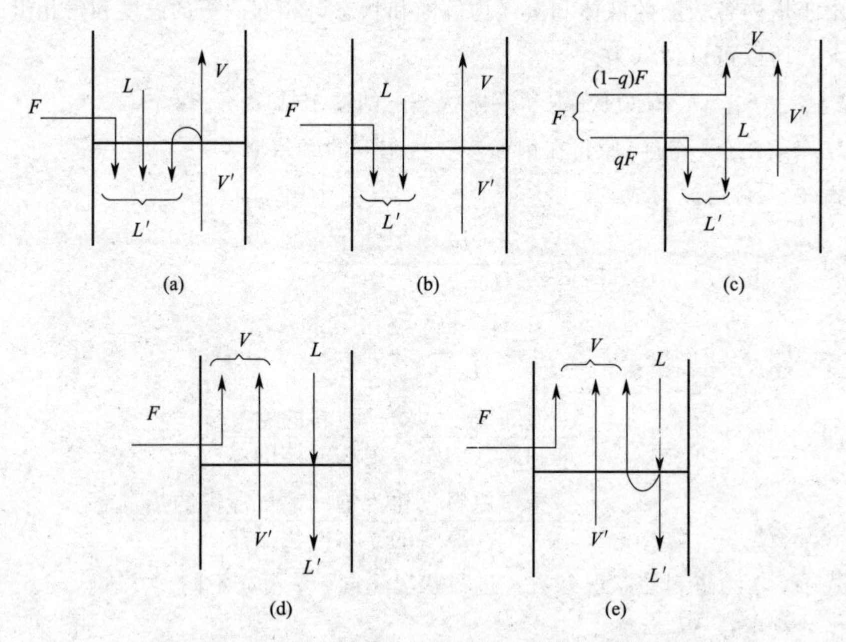

图 2-13　5 种进料热状况下精馏段、提馏段气液关系

⑤ 过热蒸气进料　进料焓 $h_F'>H$，故 $q<0$，如图 2-13(e) 所示。即进入塔内的过热蒸气的温度高于加料板上的温度而放出热量，使得精馏段下降的液体部分汽化产生蒸气，这部分蒸气连同进料和提馏段上升的蒸气一起进入精馏段。因此，$V>V'+F$，$L'<L$。

(3) **q 线方程**

q 线方程又称进料方程，为精馏段操作线与提馏段操作线交点（q 点）的轨迹方程，因此可以由精馏段操作线方程［式(2-25)］与提馏段操作线方程［式(2-31)］联立求解得出。因两条操作线交点处与式(2-25)、式(2-31) 中的变量相同，下面省略变量的下标，则：

$$y=\frac{q}{q-1}x-\frac{x_F}{q-1} \tag{2-38}$$

式(2-38) 称为 q 线方程或进料方程。在进料热状态一定时，q 即为定值，因此式(2-38) 为一直线方程。当 $x=x_F$ 时，由式(2-38) 得 $y=x_F$，则 q 线在 x-y 图上是过对角线上 $e(x_F，x_F)$ 点，以 $q/(q-1)$ 为斜率的直线。不同进料热状态，q 值不同，其对 q 线的影响也不同，见图 2-14。

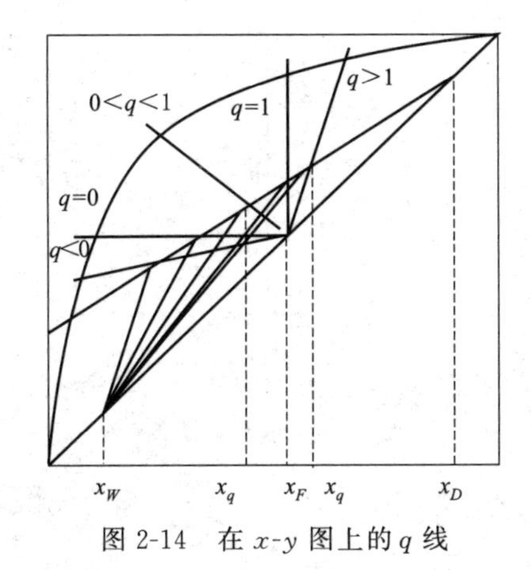

图 2-14　在 x-y 图上的 q 线

由于进料方程是联立两操作线方程得到的，因此 q 线表示两操作线交点的轨迹方程。如图 2-15 所示。

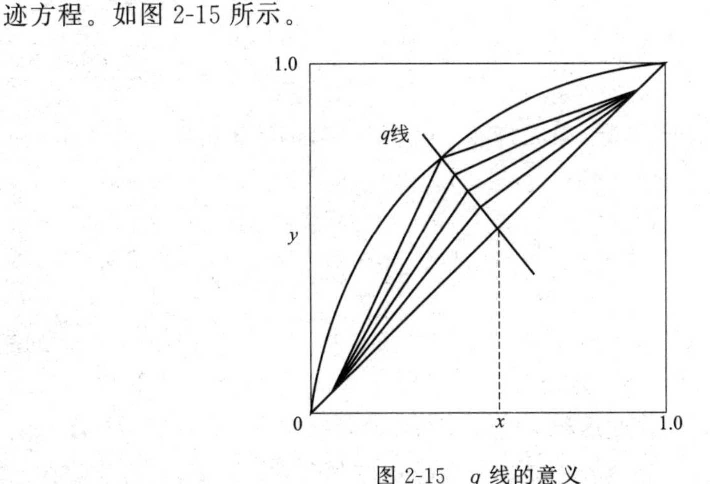

图 2-15　q 线的意义

2.5.2.5 理论塔板数的确定

双组分连续精馏塔所需的理论板数可采用逐板计算法和图解法求得，但这两种方法均以物系的相平衡关系和操作方程为依据。

(1) 逐板计算法

假设塔顶冷凝器为全凝器，泡点回流，塔釜为间接蒸汽加热，如图 2-16 所示。因塔顶采用全凝器，故从塔顶第一块塔板上升的蒸气进入冷凝器后被全部冷凝，塔顶馏出液及回流组成即为第一块塔板上升蒸气组成，即：

$$y_1 = x_D \tag{2-39}$$

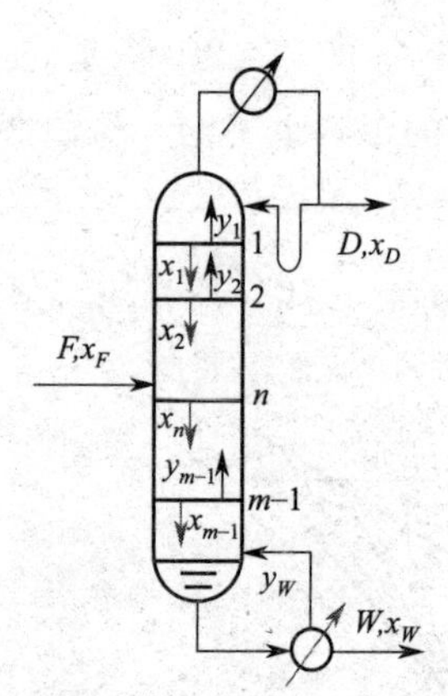

图 2-16　逐板计算法

而离开第一块塔板的液相组成 x_1 与从该板上升的蒸气组成 y_1 满足相平衡关系，因此 x_1 可由气液平衡方程求得，即：

$$x_1 = \frac{y_1}{\alpha - (\alpha - 1) y_1} \tag{2-40}$$

第二块理论塔板上升的蒸气组成与第一块塔板下降的液体组成满足精馏段操作线方程，即：

$$y_2 = \frac{R}{R+1} x_1 + \frac{1}{R+1} x_D \tag{2-41}$$

同理，x_2 与 y_2 满足相平衡方程，可求出 x_2，而 y_3 与 x_2 满足精馏段操作方程，可计算出 y_3，以此类推重复计算，直到计算到 $x_n \leqslant x_W$（即精馏段与提馏段操作线的交点）后，再改用相平衡方程和提馏段操作线方程计算提馏段每块塔板组成，至理论塔板上升蒸气中易挥发组分的摩尔分数 $x'_W \leqslant x_W$ 为止。在计算过程中，每使用一次相平衡方程，表示需要一块理论板。对于间接蒸汽加热的再沸器，认为离开它的气液两相达到平衡，故再沸器相当于一块理论板。所以提馏段所需的理论板数应为计算中使用相平衡关系的次数减 1。用逐板计算法计算理论塔板数，结果准确，但计算过程烦琐，尤其是当理论板数多时更为突出。采用计算机计算，则既可提高准确性，又可提高计算速度。

(2) 图解法

图解法求理论板数的基本原理与逐板计算法完全相同，只不过是用平衡曲线和操作线表示平衡关系和操作关系，用作图代替计算而已。图解法中以直角梯级图解法最为常见。虽然图解法的准确性较差，但因其简洁明了，故被广泛采用。见图 2-17。

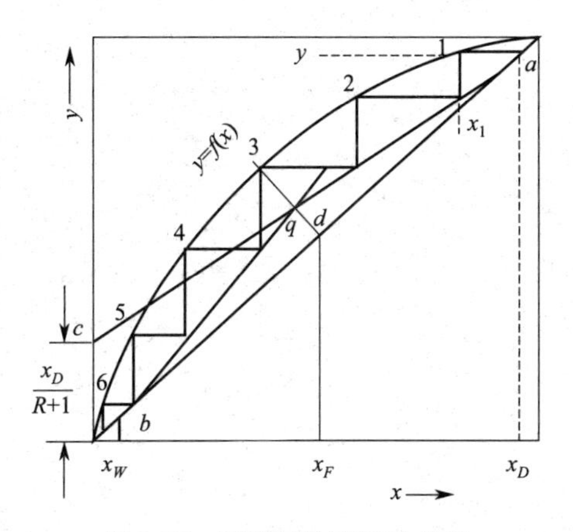

图 2-17　理论板数图解法求解

① 相平衡曲线　在直角坐标系中绘出待分离的双组分物系的相平衡曲线 [$y=f(x)$]，即 x-y 图，并作出对角线。

② 精馏段操作线　由于精馏段操作线为直线，只要在图 x-y 上找出该线上的两点，即可作出精馏段操作线。过 $x=x_D$ 引垂线与对角线交于 a 点，再由截距 $\frac{x_D}{R+1}$（或精馏段斜率 $\frac{R}{R+1}$）作精馏段的操作线 ac。

③ q 线　由 $x=x_F$ 引垂线与对角线交于 d 点，再由 $\frac{q}{q-1}$ 为斜率作直线 dq，即为 q 线方程。q 点为 q 线方程与精馏段操作线的交点。

④ 提留段操作线　由 $x=x_W$ 引垂线与对角线交于 b 点，连接 bq，即为提馏段操作线。

⑤ 画直角梯级　从 a 点开始，在精馏段操作线与平衡线之间作水平线及垂直线构成直角梯级。当梯级跨过 q 点时，则改在提馏段操作线与平衡线之间作直

角梯级，直至梯级的水平线达到或跨过 b 点为止。其中过 q 点的梯级为加料板，最后一个梯级为再沸器。图中的梯级数即为理论板数。

2.5.2.6　实际塔板数和板效率

理论塔板是指离开各塔板的气、液两相达到平衡状态的塔板，但实际操作中，由于两相接触时间短暂等各种因素，使离开塔板的蒸气与液体不能达到平衡，即每层塔板并不能起到一层理论板的作用。故完成一定分离任务所需的实际塔板数，应比上面逐板计算法或图解法所求的理论板数多。通常用“板效率”来衡量塔板上气、液两相间物质交换的完善程度。

(1) 单板效率

如图 2-18 所示，对于任意第 n 层板而言，进入该板的蒸气组成为 y_{n+1}，离开该板的蒸气组成为 y_n，y_n-y_{n+1} 表示经第 n 层板后蒸气组成的实际变化。若该板为理论板，则离开该板的蒸气组成为 y'_n，与离开该板的液体组成 x'_n 平衡，y'_n-y_{n+1} 表示蒸气经过一层理论板的组成变化。y_n-y_{n+1} 与 y'_n-y_{n+1} 之比称为第 n 层的单板效率，即：

$$\eta_{单}=\frac{y_n-y_{n+1}}{y'_n-y_{n+1}} \tag{2-42}$$

或

$$\eta_{单}=\frac{x_{n-1}-x_n}{x_{n-1}-x'_n} \tag{2-43}$$

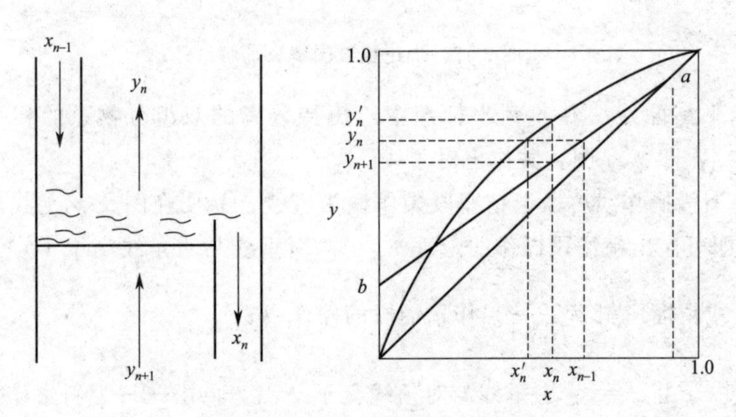

图 2-18　单板效率示意图

单板效率 $\eta_{单}$ 可由实验测定。通常精馏塔中各层塔板的单板效率并不相等，为方便常用全塔效率。

(2) 全塔效率

在指定条件下进行精馏操作所需的理论塔板数 $N_{理}$ 与实际塔板数 $N_{实}$ 之比，

称为全塔效率 η。即：

$$\eta=\frac{N_{理}}{N_{实}} \tag{2-44}$$

则实际塔板数为：

$$N_{实}=\frac{N_{理}}{\eta} \tag{2-45}$$

塔板效率受多方面因素的影响，如物系的性质，塔板的形式与结构及操作条件等。一般来说，气、液两相之间接触越充分，蒸气上升时夹带液泡沫的现象越轻微，则板效率越高。设计时，一般采用经验数据，或用经验公式估算。常见的板式精馏塔的板效率一般为 0.50～0.75。当缺乏实际数据时，总板效率之值可按图 2-19 中的曲线做出近似的估计。图中横坐标为进料的平均分子黏度 $\mu_{分子}$ 与组分的平均相对挥发度 $\alpha_{平均}$ 的乘积。$\mu_{分子}$（$mN \cdot s/m^2$）可由已知的进料组成按塔的算术平均温度计算：

$$\mu_{分子}=\mu_A x_A+\mu_B x_B \tag{2-46}$$

式中　μ_A，μ_B——A 组分和 B 组分的黏度，$mN \cdot s/m^2$；

x_A，x_B——进料中 A 组分和 B 组分的摩尔分数。

若能查出在进料组成和塔内平均温度下进料的实际黏度，可直接取用，比计算值更为准确。

2.5.2.7　回流比的影响与选择

回流是精馏操作的必要条件。在精馏过程中，回流比的大小直接影响精馏的操作费用和设备费用。对于一定物系、一定的分离要求而言，回流比增大，精馏段操作线与提馏段操作线均远离平衡线，每一梯级的水平线与垂直线都增长，说明每层理论板的分离程度加大，为完成一定的分离任务所需的理论板数减少，即过程的设备费减少，但回流比增大将导致冷凝器、再沸器负荷增大，操作费用增加。回流比有两个极限，一个是全回流时的回流比，一个是最小回流比。生产中采用的回流比介于两者之间。

(1) 全回流

将塔顶上升蒸气经冷凝器冷凝后，全部回流至塔内的操作，称为全回流。如图 2-19 所示，此时塔顶产品 $D=0$，通常是既不向塔内进料，也不从塔内取出产品，即 F 和 W 也为 0。全塔无精馏段和提馏段之分，两段操作线合为一条。全回流时的回流比 $R=\frac{L}{D}=\frac{L}{0}=\infty$，因此，精馏段操作线的斜率 $\frac{R}{R+1}=1$，在 y 轴上的截距 $\frac{x_D}{R+1}=0$，此时操作线与对角线重合，操作方程和平衡线间的距离最远，因此达到给定分离程度所需的理论塔板数最少。应当指出，全回流是回流比的上限。由于在这种情况下得不到精馏产品，即生产能力为 0，这样对正常生产是无实际意义的，它只在开车阶段为迅速建立塔内正常、稳定的操作或在试车、实验等情况下采用。

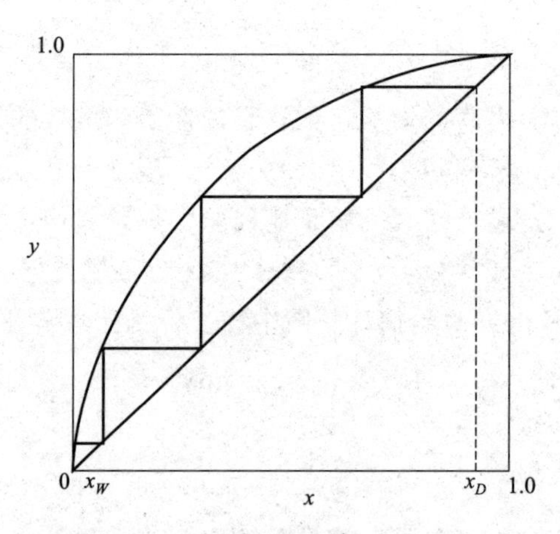

图 2-19　全回流时理论塔板数的求法

(2) 最小回流比

当回流比 R 由无限大（全回流）逐渐减小时，精馏段操作线的截距$\frac{x_D}{R+1}$将逐渐增大，操作线逐渐偏离对角线而向平衡线靠近，于是，为了达到相同分离程度时所需的理论板数将逐步增多。当回流比减小到使两操作线的交点 d 落在平衡线上［图 2-20(a)］或操作线与平衡线相切［图 2-20(b)］时，在操作线与平衡

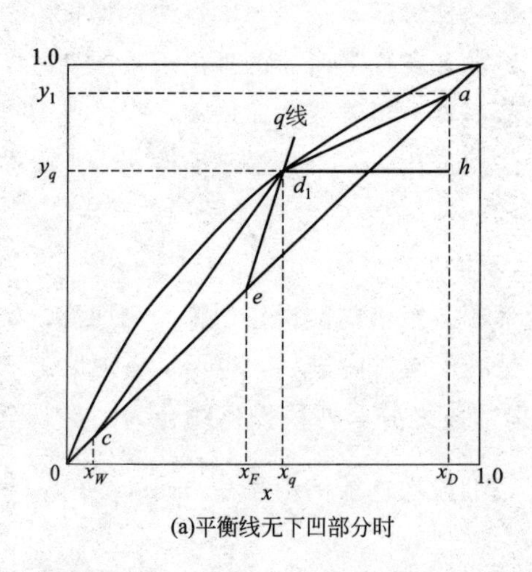

(a)平衡线无下凹部分时

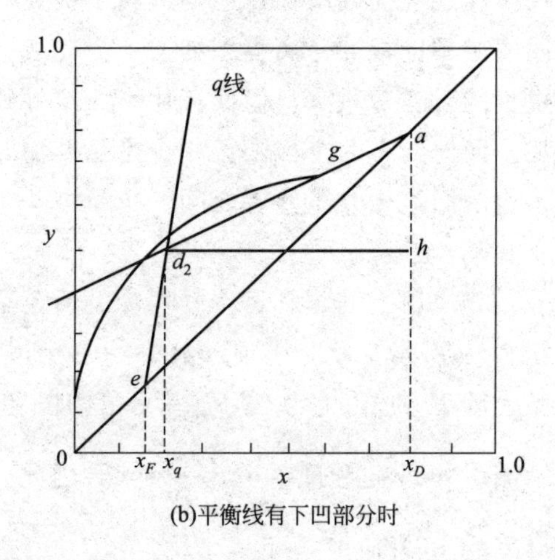

(b)平衡线有下凹部分时

图 2-20　最小回流比的确定

线之间作直角梯级可以为无限多，这就是说，完成规定的分离任务需要无限多块理论塔板，这时的回流比称为最小回流比。很显然，这在实际生产中也是不可能的，但工程上通常以最小回流比作为计算基准。

最小回流比 $R_{小}$ 是回流比的下限，通常用作图法求出。依据平衡曲线状态的不同，作图的方法也有所不同。对于无下凹部分的平衡曲线，使 q 线与平衡线相交得交点 d_1，则点 a 和点 d_1 的连线即为最小回流比时精馏段操作线，其斜率为：

$$\frac{R_{小}}{R_{小}+1}=\frac{\overline{ah}}{\overline{d_1h}}=\frac{x_D-y_q}{x_D-x_q}$$

整理得：

$$R_{小}=\frac{x_D-y_q}{y_q-x_q} \tag{2-47}$$

式中　x_q，y_q——q 线与平衡线交点的坐标，可由图 2-20 中读得。

图 2-20(b) 所示是有下凹部分的平衡曲线，当操作线与 q 线的交点尚未落到平衡线上之前，操作线已与平衡线相切，如图中 g 点所示。此种情况下 $R_{小}$ 的求法是由 a 点向平衡线作切线，再由切线斜率求 $R_{小}$，即：

$$\frac{R_{小}}{R_{小}+1}=\frac{\overline{ah}}{\overline{d_2h}} \tag{2-48}$$

(3) 适宜回流比的选择

由上述讨论可知，对于一定的分离任务，若在全回流下操作，虽然所需理论板数少，但不出产品，若在最小回流比下操作，则需无限多块理论板。因此，实际回流比应介于这两种极限情况之间。适宜回流比应根据操作费用和设备费用之和最小的原则来选取。精馏的操作费用主要取决于塔底蒸馏釜的加热蒸汽和塔顶冷凝器的冷却水的消耗量，而这两个量又取决于塔内上升蒸气量的大小。

因

$$V=L+D=(R+1)D$$
$$V'=V+(q-1)F$$

当 F、D 和 q 一定时，塔内上升蒸气量 V 和 V' 正比于 $R+1$。

理想状态下，固定塔设备不变，R 增大时，加热蒸汽和冷却剂的消耗量随之增多，操作费用随之增加，如图 2-21 中曲线 2 所示。

设备折旧费为设备的投资乘以相应的折旧率，它取决于设备尺寸的大小。当回流比最小时，塔板无穷多，设备费用无穷大；当回流比略有增加，理论塔板数由无穷大立即降为有限值，设备费用锐减，而塔内上升蒸气量增加，其结果是，减少

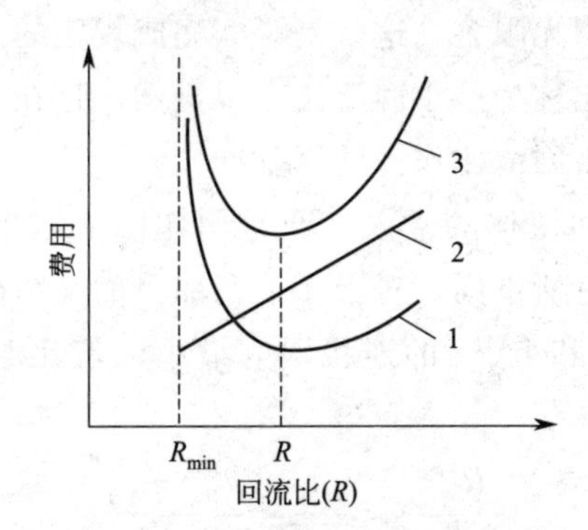

图 2-21　适宜回流比的确定

的设备费用可以补偿操作费用的增加。若再增大回流比，理论塔板数减少的速率变慢，而塔内上升蒸气量增加，随之而来的是塔径增大，再沸器及冷凝器需要的传热面积亦增大。当 R 增到某一值后，不仅操作费用增加，设备费用也随之增加，如图 2-21 中曲线 1 所示。由上述分析可知，精馏操作存在一适当回流比，在该条件下操作，设备费用及操作费用之和最小，如图 2-21 中曲线 3 所示。

在精馏设备的设计计算中，回流比可取经验值，通常操作回流比为最小回流比的 1.1～2.0 倍，即：

$$R=(1.1\sim2.0)R_{min} \tag{2-49}$$

2.5.2.8　理论塔板数的简捷计算

精馏塔板数的计算除用前述逐板计算法和图解法求算外，还可以用简捷法计算。此法是一种最为广泛的利用经验关联图的简捷算法，特别适合于在塔板数较多的情况下做初步估算，但误差较大。

人们曾对操作回流比 R、最小回流比 R_{min}、理论塔板数 N 及最少理论塔板数 N_{min} 四者之间的关系做过广泛的研究，图 2-22 是最常用的关联图，称为吉利兰关联图。

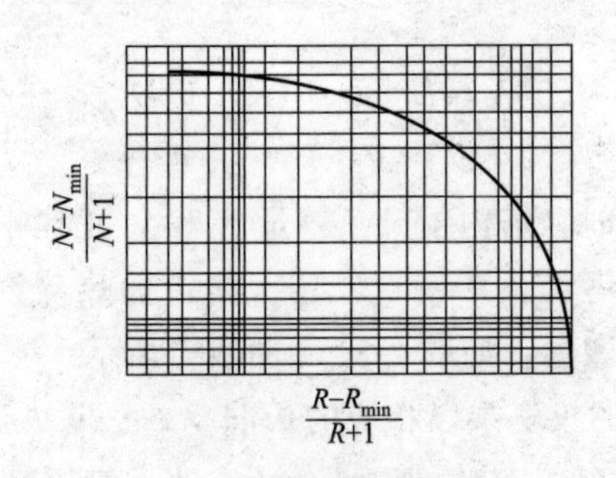

图 2-22　吉利兰关联图

吉利兰关联图是用 8 种不同物系，在不同精馏条件下由逐板计算的结果绘制而成，这些条件是：组分 2～11 个；进料热状态包括冷料到过热蒸气 5 种；R_{min} 为 0.53～7.0；相对挥发度为 1.26～4.05；理论板数为 2.4～43.1。图中横坐标为$\frac{R-R_{min}}{R+1}$，纵坐标为$\frac{N-N_{min}}{N+1}$。应注意，纵坐标中的 N 和 N_{min} 均为不包括再沸器的理论塔板数。应用吉利兰图时，首先根据物系的分离要求求出最小回流比 R_{min} 和全回流时最少理论塔板数 N_{min}，然后根据所选的 R 值计算出横坐标$\frac{R-R_{min}}{R+1}$的大小，由关联图确定纵坐标$\frac{N-N_{min}}{N+1}$的值，进而算出理论塔板数 N。简捷算法虽然误差较大，但因简便，可快速地算出理论塔板数或粗略地寻求塔板数与回流比之间的关系，所以特别适用于初步设计计算，供方案比较使用。

2.6 萃取精馏原理

2.6.1 萃取精馏基本原理

萃取精馏就是向原料液中加入第三组分（称为萃取剂或溶剂），以改变料液中被分离组分间的相对挥发度，使普通精馏难以分离的液体混合物变得易于分离的一种特殊精馏方法。其要求萃取剂的沸点较原料液中各组分的沸点高得多，且不与组分形成共沸液，容易回收。萃取精馏常用于分离各组分挥发度差别很小的溶液。

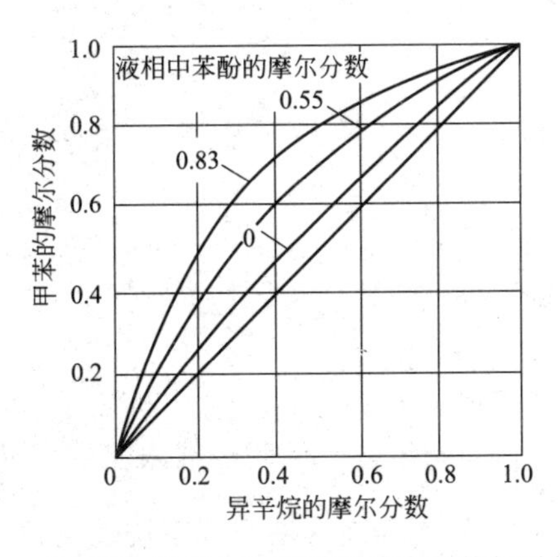

图 2-23　异辛烷-甲苯在不同苯酚浓度下的相平衡关系

萃取剂的用量对于萃取精馏的分离效果和经济性有很大影响。以异辛烷和甲苯在不同苯酚（萃取剂）浓度下的相平衡关系（见图 2-23）为例，可知萃取剂的浓度较高时，原组分间的相对挥发度较大，分离所需的塔板数也较少。然而萃取剂用量大，回收费用增大。因此，萃取剂的最佳用量须通过经济核算来决定。当原料和萃取剂按一定比例加入时，还有相应的最适宜回流比。操作时不适当地增大回流比，就降低了萃取剂浓度，反而使分离效果变差。

萃取精馏主要用于那些加入萃取剂后，因相对挥发度增大所节省的费用足以补偿萃取剂本身及其回收操作所需费用的场合。萃取精馏最初用于丁烷与丁烯以及丁烯与丁二烯等混合物的分离。目前，萃取精馏比恒沸精馏更广泛地用于醛、酮、有机酸及其他烃类氧化物等的分离。

萃取剂的加入，往往改变了原有组分的相互作用，因为溶液为非理想溶液，故组分的活度系数将会发生改变。在这种情况下，原有组分间的相对挥发度也将发生改变。

$$\alpha_{12}=\frac{p_1^0 y_1}{p_2^0 y_2} \tag{2-50}$$

由此看出，相对挥发度不仅与物系的操作条件有关，而且与物系性质有关，即活度系数有关。

下面以组分 1、组分 2 和溶剂 S 所组成的三组分溶液为例进行讨论。

三组分系统的马格勒斯方程式为：

$$\ln\left(\frac{\gamma_1}{\gamma_2}\right)_S=A_{21}(x_2-x_1)+x_2(x_2-2x_1)(A_{12}-A_{21})+ x_S[(A_{1S}-A_{S2})+2x_1(A_{S1}-A_{1S})-x_S(A_{2S}-A_{S2})-C(x_2-x_1)] \tag{2-51}$$

将式(2-51) 假设为对称物系：

① $C=0$

② $A'_{ij}=\frac{1}{2}(A_{ij}+A_{ji})$

则：

$$\ln\left(\frac{\gamma_1}{\gamma_2}\right)_S=A_{12}(x_2-x_1)+x_S(A'_{1S}-A'_{2S})=A'_{12}(1-x_S)(1-2x'_1)+x_S(A'_{1S}-A'_{2S}) \tag{2-52}$$

式中，$x'_1=\frac{x_1}{x_1+x_2}$，表示组分 1 的脱溶剂浓度或相对浓度。

式(2-51) 和式(2-52) 中 C 为表征三组分系统性质的一个常数。

当系统在常压下，组分 1 对组分 2 的相对挥发度可表示为：

$$\alpha_{12}=\frac{K_1}{K_2}=\frac{p_1^0\gamma_1}{p_2^0\gamma_2} \tag{2-53}$$

故由上式和式(2-51) 得：

$$\ln(\alpha_{12})_S=\ln\left(\frac{p_1^0}{p_2^0}\right)+A'_{12}(1-x_S)(1-2x'_1)+x_S(A'_{1S}-A'_{2S}) \qquad (2\text{-}54)$$

式中，α_{12} 表示在溶剂 S 的存在下，组分 1 对组分 2 的相对挥发度。

未加入溶剂时的原双组分溶液中，组分 1 对组分 2 的相对挥发度为：

$$\ln\alpha_{12}=\ln\left(\frac{p_1^0}{p_2^0}\right)_{T_2}+A'_{12}(1-2x'_1) \qquad (2\text{-}55)$$

若 p_1/p_2 与温度变化的关系不大，则由式(2-54) 和式(2-55) 可知，此时因 $x_1=x'_1$ 可得出：

$$\ln\frac{(\alpha_{12})_S}{\alpha_{12}}=x_S[A'_{1S}-A'_{2S}-A'_{12}(1-2x'_1)] \qquad (2\text{-}56)$$

通常把 α_S/α 称为溶剂 S 的选择性。它是衡量溶剂效果的一个重要标志。

由式(2-56) 可以看出，原溶液加入溶剂后，溶剂的选择性不仅决定于溶剂的性质和浓度，而且也和原溶液的性质及浓度有关。要使溶剂在任何 x'_1 值时均能有增大原溶液组分的相对挥发度的能力，就必须满足：

$$A'_{1S}-A'_{2S}-|A'_{12}|>0 \qquad (2\text{-}57)$$

要满足式(2-57)，必须 $A'_{1S}-A'_{2S}>0$，也就是说，所选的溶剂 S 应与塔顶组分（组分 1）形成具有正偏差的非理想溶液，且正偏差越大越好；而溶剂 S 与塔釜组分（组分 2）应形成负偏差溶液（$A'_{2S}<0$），且负偏差越大越好，或形成理想溶液（$A'_{2S}=0$）也可，但不希望形成正偏差溶液。

$A'_{1S}-A'_{2S}>0$ 只是式(2-57) 成立的必要条件，但并非充分条件。由式(2-56) 可看出，加入溶剂后组分 1 和组分 2 相对挥发度的变化，还与组分 1 和组分 2 的性质（A'_{12}）和浓度有关，现讨论如下。

(1) 当组分 1 和组分 2 形成正偏差溶液时（$A'_{12}>0$）

由式(2-56) 可知，在组分 1 的浓度高区（$x_1>x_2$ 或 $1-2x'_1<0$）有利，可使选择性增大；而在组分 1 的浓度低区（$x_1<x_2$ 或 $1-2x'_1>0$），不利于选择性的增大，有时甚至会使选择性降低，使分离变得比无溶剂存在时更加困难，如图 2-24 和图 2-25 所示。

(2) 当组分 1 和组分 2 形成负偏差溶液时（$A'_{12}<0$）

由式(2-56) 可知，此时在组分 1 的浓度低区（$x_1<x_2$ 或 $1-2x'_1>0$）有利，可使选择性增大，而在组分 1 的高浓度区（$x_1>x_2$ 或 $1-2x'_1<0$），则不利于选择性增大，甚至会使选择性降低，使分离变得比无溶剂存在时更加困难，如图 2-26 所示。

根据图 2-24 和图 2-25 绘制不同溶剂浓度下 α 与 x'_1 的关系图，如图 2-27 所

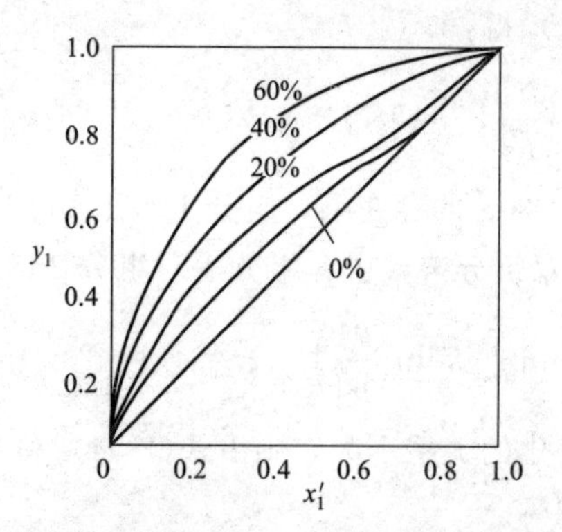

图 2-24　不同水浓度下，丙酮和甲醇的平衡曲线

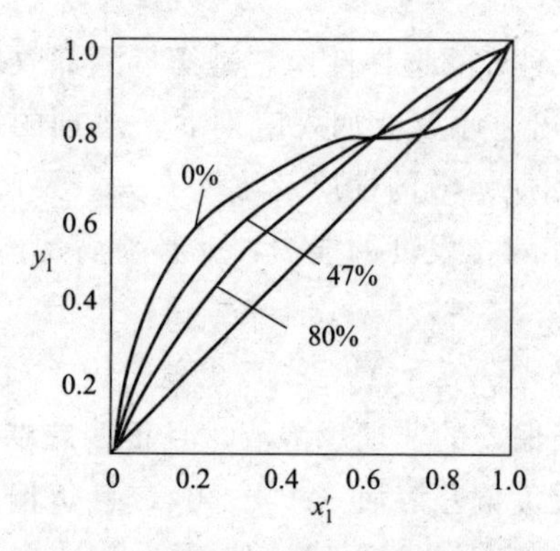

图 2-25　不同甲苯浓度下，甲乙酮和庚烷的气液平衡曲线

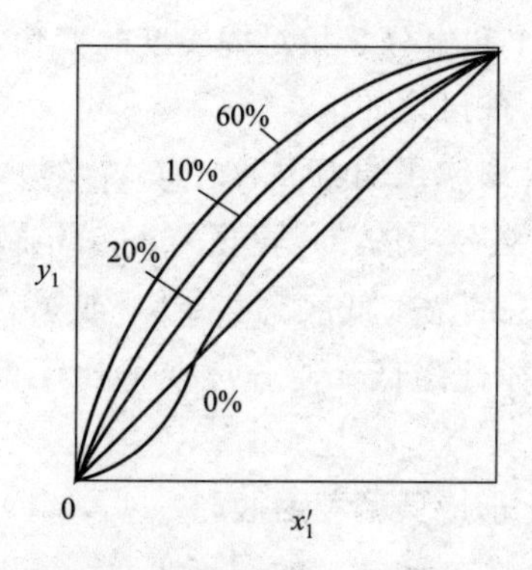

图 2-26　不同甲基异丁基酮浓度下，丙酮和氯仿的平衡曲线

示，组分 1 和组分 2 形成正偏差溶液。由图可以看出，当无溶剂存在时，在组分 1 的高浓度区（$1-2x_1'<0$），选择性增强速率较快，而在组分 1 的低浓度区（$1-2x_1'>0$），选择性增强速率较慢。这是因为无溶剂（萃取剂）存在时，温度固定

后，α 值的大小由 $A'_{12}(1-2x'_1)$ 所决定，当加入溶剂后，相对挥发度增大的程度，是由式(2-56) 中 $-A'_{12}(1-2x'_1)$ 值来决定，$A'_{12}(1-2x'_1)$ 值越大（使 α 值越大），则将使式(2-56) 中的 α_S/α 值越小，即溶剂对其相对挥发度的作用也越小。

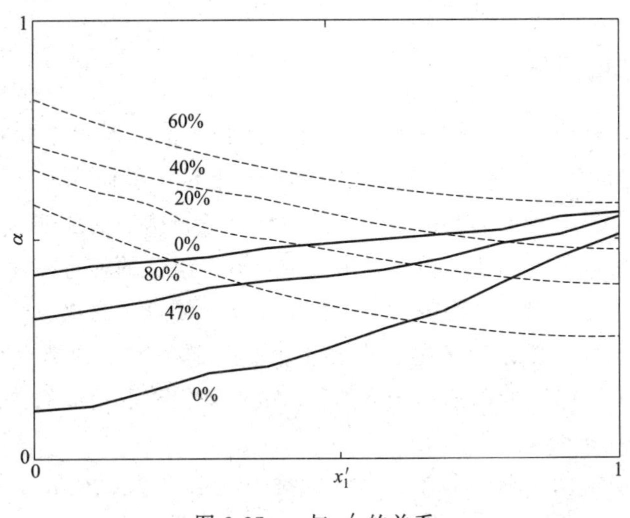

图 2-27　α 与 x'_1 的关系

进一步分析讨论式(2-54)，就可看出在溶剂存在下，影响组分 1 对组分 2 的相对挥发度变化的原因为：

① $x_S(A'_{1S}-A'_{2S})$ 项的作用　$x_S(A'_{1S}-A'_{2S})$ 项是代表由于溶剂与两个组分的相互作用不同，而使组分 1 和组分 2 的相对挥发度有所改变。所以希望 $(A'_{1S}-A'_{2S})$ 值越大越好，且随溶剂浓度 x_S 的增大对 α_S 影响也越大。

对原溶液中两组分的沸点相差不大，且接近于理想溶液（A'_{12} 近于零）的系统，为了加入溶剂后能使 α_S 增加，主要应考虑由 $x_S(A'_{1S}-A'_{2S})$ 项作用的结果。

② $A'_{12}(1-x_S)(1-2x'_1)$ 项的作用　$A'_{12}(1-2x'_1)$ 项反映了原溶液偏离理想溶液的程度，即代表原溶液的非理想性的大小。因此，式(2-54) 的 $A'_{12}(1-x_S)(1-2x'_1)$ 项则表示加入溶剂后，原溶液非理想性降低的程度。溶剂的浓度 x_S 越大，原溶液的非理想性降低越多。这可认为，由于溶剂的大量加入，使原溶液中组分 1 和组分 2 间的作用，因溶剂分子大量存在而减弱，使原溶液的非理想性下降。可以认为此时溶剂是起到稀释作用，使原有的两组分的相互作用减弱。当 $x_S \rightarrow 1$ 时，$A'_{12}(1-x_S)(1-2x'_1) \rightarrow 0$。

对原溶液中两组分的沸点相差较大，而所形成的二元溶液的非理想性很强

（如恒沸物）的物系，如果使溶剂的浓度 x_S 足够大，即使 $A'_{1S}-A'_{2S}\leqslant 0$，也有可能使 α_S 增大。此时溶剂所起的有效作用主要是稀释作用。

最后，应当指出的是，以上所讨论的都是基于对称系统的假定。如果不符合所给定的这一假定，只不过是所算得的相对挥发度以及表示各因素相对大小的数值与真值有所差异，而其规律是存在的。

2.6.2 萃取精馏技术

萃取精馏已经有五十多年的历史，由于第二次世界大战期间对高纯度甲苯（用于制造炸药）和丁二烯（用于合成橡胶）的大量需求使萃取精馏成为一个重要的工业过程。萃取精馏通常的含义是通过向接近精馏塔的顶部连续加入比需分离组分相对挥发度低的物质，以改变塔内需要分离组分的相对挥发度。选择合适的溶剂可以增强分离组分之间的相对挥发度，从而使难分离物系转化为易分离物系，降低分离难度。焦化粗苯中含有多重组分与苯、甲苯的沸点相近，或易与苯、甲苯形成共沸物，所以选择合适的萃取剂，采用萃取精馏的方法从焦化粗苯中分离纯苯和甲苯在理论上是可行的。

目前焦化粗苯加氢油精制工艺技术主要有两种：莫菲兰萃取精馏工艺技术（以 *N*-甲酰吗啉为溶剂）、石科院萃取精馏工艺技术（以环丁砜为溶剂）。

(1) 莫菲兰萃取精馏工艺技术

莫菲兰萃取精馏工艺技术以 *N*-甲酰吗啉为溶剂。焦化粗苯加氢油首先进入预分馏塔进行分离，C_8 馏分（XS 馏分）由预分馏塔塔底采出，然后去二甲苯塔生产混合二甲苯，苯、甲苯馏分（BT 馏分）由预分馏塔塔顶采出，然后进入萃取蒸馏塔分离，在溶剂 *N*-甲酰吗啉作用下，由塔顶分离出非芳烃产品，*N*-甲酰吗啉与脱除非芳烃后的 BT 馏分由塔底采出，再经溶剂回收塔将 *N*-甲酰吗啉回收后循环使用，脱除非芳烃后的 BT 馏分经 BT 分离塔分离得到纯苯产品和纯甲苯产品。溶剂 *N*-甲酰吗啉间歇部分抽出送入溶剂再生槽进行再生。

莫菲兰萃取精馏工艺技术由德国 Uhde 公司掌握。目前国内已投产的有：石家庄焦化集团 5 万吨/年粗苯加氢精制装置（1997 年 10 月开车）、宝钢集团 5 万吨/年粗苯加氢精制装置（1998 年 10 月开车）、太化集团 8 万吨/年粗苯加氢精制装置（2006 年 11 月开车，部分引进）。目前国内在建的有：鞍钢集团 15 万吨/年粗苯加氢精制装置、山西三维集团 20 万吨/年粗苯加氢精制装置。

(2) 石科院萃取精馏工艺技术

石科院萃取精馏工艺技术以环丁砜为溶剂。焦化粗苯加氢油首先进入萃取蒸馏塔，在溶剂环丁砜作用下，由塔顶分离出非芳烃产品，环丁砜与脱除非芳烃后的 BTXS 馏分由塔底采出，再经溶剂回收塔将环丁砜回收后循环使用，环丁砜与脱除非芳烃后的 BTXS 馏分经苯塔分离得到纯苯产品和 TXS 馏分，TXS 馏分经甲苯塔分离得到纯甲苯产品和 XS 馏分，XS 馏分经二甲苯塔分离得到混合二甲苯产品。溶剂环丁砜间歇部分抽出送入溶剂再生槽进行再生。

石科院萃取精馏工艺技术由中国石化北京石油化工科学研究院掌握。目前已投产的有：山东海力 8 万吨/年粗苯加氢精制装置。目前国内在建的有：山东盛源 8 万吨/年粗苯加氢精制装置、开滦精煤 10 万吨/年粗苯加氢精制装置、太化集团 12 万吨/年粗苯加氢精制装置（二期）等多家。

2.6.3 萃取精馏的分类

萃取精馏按其操作方式可以分为连续萃取精馏和间歇萃取精馏。

(1) 连续萃取精馏

连续萃取精馏过程中进料、溶剂的加入及回收都是连续的。连续萃取精馏一般采用双塔操作，第一个塔是萃取精馏塔，被分离的物料由塔的中部连续进入塔内，而溶剂则在靠近塔顶的部位连续加入。在萃取精馏塔内易挥发组分由塔顶馏出，而难挥发组分和溶剂由塔底馏出并进入溶剂回收塔。在溶剂回收塔内，可使难挥发组分与溶剂得以分离，难挥发组分由塔顶馏出，而溶剂由塔底馏出并循环回送至萃取精馏塔。

(2) 间歇萃取精馏

间歇萃取精馏是近年来兴起的新的研究方向，由于间歇萃取精馏具有间歇精馏和萃取精馏的优点，近年来引起了 Langp 等人的注意。间歇萃取精馏比连续萃取精馏复杂得多，其流程及操作方法与连续萃取精馏不同。

2.6.4 萃取精馏溶剂的类型

萃取精馏所用的溶剂大致可以分为单一溶剂和混合溶剂两类。

(1) 单一溶剂

单一溶剂即采用一种化合物作为萃取精馏过程的溶剂。目前萃取精馏一般较多采用单一溶剂作为萃取剂，因此对于单一溶剂的研究也比较多。单一溶剂萃取精馏主要用于以下的物系分离：①芳烃及其衍生物的分离，如从烃类混合物中分离芳烃的研究；②醇的分离与提纯；③有机酸的分离；④烷烃的分离；⑤酮类的分离；⑥酯类的分离和提纯；⑦氯化物及环氧化合物的分离与提纯；⑧醛类化合物的分离与提纯；⑨杂环化合物及环氧化合物的分离等。

(2) 混合溶剂

混合溶剂即采用两种或两种以上化合物所构成的混合物作为萃取精馏的溶剂。近年来一些学者开始采用混合溶剂作为萃取剂，取得了良好的效果。Brown

和Lee对此进行了详细的研究。他们共同开发了应用混合溶剂的萃取精馏法从天然气中回收和提纯环己烷的工艺。在这一工艺中需要分离的关键组分为2,3-二甲基环戊烷（2,3-DMP）和环己烷。Brown等采用的混合溶剂是*N*-甲基吡咯烷酮（NMP）。混合溶剂的选择性大小不仅与溶剂的进料比有关，而且与溶剂的配比有关，混合溶剂的选择性随进料比的增大而增大，这一点与单一溶剂具有相同的规律。经过多年的生产实践，混合溶剂技术已经在轻苯净化的过程中显示了很大的优越性。

焦化粗苯经加氢精制单元通过加氢处理脱除N、S、O等杂质组分后的产物，称为焦化粗苯加氢油，其典型组成见表2-12。

表2-12　焦化粗苯加氢油典型组成

序号	组分	分子式	分子量	沸点/℃	摩尔分数/%	质量分数/%
1	正丁烷	C_4H_{10}	58	−1	0.01	0.0038
2	正戊烷	C_5H_{12}	72	36	0.12	0.20
3	甲基环戊烷	C_6H_{12}	84	71.8	0.02	0.02
4	环戊烷	C_5H_{10}	70	49.26	1.15	0.99
5	正己烷	C_6H_{14}	86	69	0.1	0.11
6	环己烷	C_6H_{12}	84	80.7	0.58	0.6
7	正庚烷	C_7H_{16}	100.2	92	0.09	0.11
8	甲基环己烷	C_7H_{14}	98	101	0.64	0.1562
9	苯	C_6H_6	78	80	78.62	75.65
10	甲苯	$C_6H_5CH_3$	92	111	14.24	16.36
11	乙基苯	$C_6H_5C_2H_5$	106	136	1.04	1.36
12	邻二甲苯(OX)	$C_6H_4(CH_3)_2$	106	144	0.44	0.57
13	间二甲苯(MX)	$C_6H_4(CH_3)_2$	106	138	2.02	2.63
14	对二甲苯(PX)	$C_6H_4(CH_3)_2$	106	139	0.75	0.98
15	正辛烷	C_8H_{18}	114.2	126	0.05	0.06
16	二甲基环己烷	C_8H_{16}	112	119.5	0.04	0.05
17	2,2,5-三甲基己烷	C_9H_{18}	126		0.07	0.11
18	正壬烷	C_9H_{20}	128	150.8	0.02	0.04
19	合计				100	100

由表2-12可以看出，利用普通精馏的方法很难将非芳烃与芳烃很好地分离，因此需要先使用萃取精馏方法将非芳烃分离出来，然后再使用普通精馏方法将芳烃混合物进行分离，从而得到目标产品。

目前，常用的萃取剂（又称为溶剂）有环丁砜和*N*-甲酰吗啉（NFM），其主要规格及物化性质见表2-13～表2-16。

表 2-13　环丁砜规格

项目	数据	检测方法
外观	无色或浅黄色液体	目测
纯度(质量分数)/%(以无水计)	99.0	UOP 608
环丁-2-烯(质量分数)/%	<0.2	UOP 608
异丙基环丁砜醚(质量分数)/%	<0.5	UOP 608
密度(30℃)/(kg/m^3)	1260～1270	ASTM D 4052
水含量(质量分数)/%	<3.0	GB/T 260
灰分(质量分数)/%	<0.1	ASTM D 1119
热稳定性/[mgSO_2/(h·kg)]	<20	UOP 599-68T 或相当方法

表 2-14　环丁砜物化性质

项目	数据	项目	数据
分子量	120.17	100℃	1.47
密度(30℃)/(kg/m^3)	1260～1270	150℃	1.57
沸点/℃	285	200℃	1.68
表面张力(25℃)/(N/m)	0.085	汽化热/(kJ/kg)	
黏度/mPa·s		50℃	537.2
50℃	6.28	100℃	523.3
100℃	2.56	150℃	518.4
150℃	1.43	200℃	476.5
200℃	0.97	降解温度/℃	200
比热容/(kJ/kg·K)		熔点/℃	27.8
50℃	1.36	蒸气压(150℃)/kPa	1.91

表 2-15　NFM 规格

项目	数据	检测方法
外观	无色透明液体	目测
纯度/%	99	气相色谱
密度(20℃)/(kg/m^3)	1150～1155	GB/T 2013
pH 值	8～9	

表 2-16　NFM 物化性质

项目	数据	项目	数据
分子量	115	100℃	2.01
沸点/℃	243	150℃	2.22
熔点/℃	23	汽化热/(kJ/kg)	443.72
密度(20℃)/(kg/m^3)	1153	折射率 n_D^{25}	1.484
闪点(彭斯克-马丁闪点试验法)/℃	125	其他	与苯可以任何比例互溶 与水可以任何比例互溶 与 C_6～C_9 烃不共沸
自燃点/℃	370		
pH 值(与水 1∶1 混合)	8.6		
黏度(30℃)/mPa·s	6.68		
比热容/[kJ/(kg·K)]			
20℃	1.76		
50℃	1.84		

2.6.5 萃取精馏过程分析

(1) 塔内流量分布

设 S 为纯组分，在塔顶采出为 0。

① n、$n+1$——塔顶物料衡算

$$V_{n+1}+S=L_n+D$$

对组分 i（不包括 S）进行物料衡算：

$$V_{n+1}y_{n+1}=L_nx_n+Dx_D \tag{2-58}$$

有：

$$y_{n+1}=\frac{L_n}{V_{n+1}}x_n+\frac{D}{V_{n+1}}x_D \tag{2-59}$$

设：$y'_{n+1}=\frac{y_{n+1}}{1-(y_S)_{n+1}}$；$x'_n=\frac{x_n}{1-(x_S)_n}$；$x'_D=\frac{x_D}{1-(x_S)_D}$

y'_{n+1} 脱溶剂浓度为：

$$y'_{n+1}=\frac{l_n}{v_{n+1}}x'_n+\frac{D}{v_{n+1}}x'_D[1-(x_S)_D] \tag{2-60}$$

一般情况 $(x_S)_D\approx0$，则式(2-60) 可简写为：

$$y'_{n+1}=\frac{l_n}{v_{n+1}}x'_n+\frac{D}{v_{n+1}}x'_D \tag{2-61}$$

比较式(2-60) 与式(2-61)

$$\frac{L_n}{V_{n+1}}:\frac{l_n}{v_{n+1}}=\frac{1+(y_S)_{n+1}}{1-(x_S)_n} \tag{2-62}$$

因为溶剂的挥发度小于原溶液组分的挥发度，且同一塔段的塔板的液相浓度基本恒定，所以 $(y_S)_{n+1}<(x_S)_n$，故

$$\frac{L_n}{V_{n+1}}:\frac{l_n}{V_{n+1}}>1$$

② 对 S 进行物料衡算

$$V_{n+1}(y_S)_{n+1}+S=L_n(x_S)_n+D(x_S)_D \tag{2-63}$$

若 $(x_S)_D\approx0$，且 $S_n=L_n(x_S)_n$，代入上式得：

$$S_n=S+V_{n+1}(y_S)_{n+1} \tag{2-64}$$

③ 因溶液沸点高，量大，在向下流动中会冷凝一定量蒸气，使流量发生变化，因此有：

$$\begin{cases} L_n = l_n + S + SC_{p_S}(T_n - T_S)/\Delta H_V \\ V_n = L_n + D - S \end{cases} \tag{2-65}$$

$$\begin{cases} L'_m = l'_m + S + SC_{p_S}(T_m - T_S)/\Delta H_V \\ V'_{m+1} = L'_m - (w + S) \end{cases} \tag{2-66}$$

说明：$\left.\begin{matrix} L\ \text{由上向下增大} \\ V\ \text{由下向上减小} \end{matrix}\right\}$不能视为恒摩尔流。

(2) 塔内溶剂浓度分布

由于S量大，挥发性小，可视为S浓度恒定。

假设：塔内为恒摩尔流，即 $(x_S)_D \approx 0$。

相平衡：

设β为溶剂对非溶剂的相对挥发度，则：

$$\beta = \frac{K_S}{K_N} = \frac{y_S/x_S}{(1-y_S)/(1-x_S)} = \frac{y_S/(1-y_S)}{x_S/(1-x_S)} \tag{2-67}$$

$$= \frac{x_1 + x_2}{x_S} \times \frac{1}{\alpha_{1S}\dfrac{x_1}{x_S} + \alpha_{2S}\dfrac{x_2}{x_S}} = \frac{x_1 + x_2}{\alpha_{1S}x_1 + \alpha_{2S}x_2}$$

对S进行物料衡算：

$$Vy_S + S = Lx_S \tag{2-68}$$

$$y_S = \frac{Lx_S - S}{V} = \frac{Lx_S - S}{L + D - S} \tag{2-69}$$

S的相平衡关系：

$$y_S = \frac{\beta x_S}{\sum_{i=1}^{2}\beta_i x_i} = \frac{\beta x_S}{(\beta - 1)x_S + 1} \tag{2-70}$$

由式(2-69) 与式(2-70) 得：

$$\frac{Lx_S - S}{L + D - S} = \frac{\beta x_S}{(\beta - 1)x_S + 1} \tag{2-71}$$

整理得：

$$x_S = \frac{S}{(1-\beta)L - \dfrac{\beta D}{1 - x_S}} \tag{2-72}$$

所以：

① β很小，$\dfrac{\beta D}{1 - x_S}$可以忽略；

② 要使 x_S 增大，主要手段是增加S加入量；

③ S、L 一定时，β 增大、x_S 增大，S 损失大，回收量高；

④ S、β 一定时，L 增大、x_S 降低，回流比增大，不能提高分离程度。

同理，提馏段：

$$\bar{x}_S=\frac{S}{(1-\beta)L'+\frac{\beta W}{1-\bar{x}_S}} \tag{2-73}$$

由式(2-72) 与式(2-73) 可知：

① 饱和气体进料（$q=0$），若 $\beta\to0$

$$x_S=\frac{S}{S+RD};\ \bar{x}_S=\frac{S}{S+RD+qF};\ x_S=\bar{x}_S \tag{2-74}$$

有液体存在时（$q>0$）：$x_S>\bar{x}_S$

② 由于 S 挥发性小，基本上全部从塔釜采出

$$(x_S)_W=\frac{S}{W}=\frac{S}{w+S};\ \bar{x}_S=\frac{S}{S+RD+qF} \tag{2-75}$$

由于 $RD+qF>w$，故 $(x_S)_W>\bar{x}_S$，溶剂 S 在再沸器中发生跃升。

③ 简化形式：

$$x_S=\frac{S}{(1-\beta)L};\ \bar{x}_S=\frac{S}{(1-\beta)L'}$$
$$x_S=\frac{S}{L};\ \bar{x}_S=\frac{S}{L'}\quad(\beta\to0) \tag{2-76}$$

④ β 求取

$$\beta=\frac{\sum x_i}{\sum\alpha_{iS}x_i}\quad(i=1,2) \tag{2-77}$$

a. 平衡点由上式计算；

b. 塔均值

塔顶：

$$x_2\to0,\ \beta=\left(\frac{1}{\alpha_{1S}}\right)_{顶} \tag{2-78}$$

塔釜：

$$x_1\to0,\ \beta=\left(\frac{1}{\alpha_{2S}}\right)_{釜} \tag{2-79}$$

故
$$\beta=\sqrt{\frac{1}{\alpha_{1S}}+\frac{1}{\alpha_{2S}}} \tag{2-80}$$

⑤ 若 R 增大，L 增大，x_S 减小，N 增大。

本节以上各式中字母的含义如下：

F——原料液流量，kmol/h；
D——塔顶产品（馏出液）流量，kmol/h；
W——塔底产品（釜液）流量，kmol/h；
R——回流比；
V——精馏段内每块塔板上升的蒸气摩尔流量，kmol/h；
L——精馏段内每块塔板下降的液体摩尔流量，kmol/h；
L'——提馏段中每块塔板下降的液体流量，kmol/h；
V'——提馏段中每块塔板上升的蒸气流量，kmol/h；
y_{n+1}——从精馏段第 $n+1$ 板上升的蒸气组成，摩尔分数；
x_F——原料液组成（摩尔分数）；
x_D——塔顶产品组成（摩尔分数）；
x_W——塔底产品组成（摩尔分数）；
l_n——精馏段内每块塔板下降的液体的瞬时摩尔流量，kmol/h；
v_{n+1}——精馏段内每块塔板上升的蒸气的瞬时摩尔流量，kmol/h；
$(y_S)_{n+1}$——从精馏段第 $n+1$ 板上升的纯组分 S 的摩尔分数；
S_n——精馏段第 n 块塔板下降的纯物质 S 的摩尔流量，kmol/h；
T_n——精馏段第 n 块塔板上气相物系的泡点温度；
T_S——纯物质 S 的泡点温度；
L'_m——提馏段中第 m 块塔板下降的液体流量，kmol/h；
l'_m——提馏段中第 m 块塔板下降的液体瞬时流量，kmol/h；
T_m——提馏段第 m 块塔板下气相物系的泡点温度；
V'_{m+1}——提馏段中每块塔板上升的蒸气流量，kmol/h；
w——提馏段第 $m+1$ 块塔板上的液相物系的浓度，kmol/h；
K_S——溶剂的挥发度；
K_N——非溶剂的挥发度；
α_{1S}——组分 1 对溶剂 S 的相对挥发度；
α_{2S}——组分 2 对溶剂 S 的相对挥发度；
$(x_S)_W$——溶剂对塔釜液的相对浓度；
x_n——从精馏段第 n 板下降的液体组成，摩尔分数：
L'——提馏段中每块塔板下降的液体流量，kmol/h；
V'——提馏段中每块塔板上升的蒸气流量，kmol/h；
x_m——提馏段第 m 块塔板下降液体中易挥发组分的摩尔分数；
y_{m+1}——提馏段第 $m+1$ 块塔板上升蒸气中易挥发组分的摩尔分数；
$(x_S)_D$——萃取剂在塔釜液中的摩尔分数；

$(x_S)_n$——萃取剂在第 n 块塔板液相中的摩尔分数；

C_{p_s}——萃取剂的摩尔等压热容，kJ/(K·mol)；

ΔH_V——萃取剂的摩尔相变焓，kJ/mol；

q——进料热状况参数，进料状况不同，q 值亦不同；

N——塔板数。

2.6.6 萃取精馏塔的特点

萃取精馏和一般的精馏不同，进入塔内的物料除原料和回流外还有溶剂，而且溶剂的流率又往往大大地超过其他物料的流率。因此，萃取精馏塔有许多不同于一般精馏的特点。萃取精馏塔的一些特点可以通过物料衡算和热量衡算来反映。

(1) 在溶剂加入板物料流率有突变

由于溶剂总是以液态加入的，故在溶剂加入板液体流率必然有突变。

假定塔内各段为恒摩尔流且溶剂为不挥发性物质。

当加入的溶剂温度等于塔内温度时，精馏段与回收段的气相量没有变化，而液相量则相应增加相当于溶剂的数量。此时提馏段和精馏段的气、液相量分别为：

提馏段：$V'=(R+1)D$；$L'=RD$

精馏段：$V=(R+1)D$；$L=RD+S=L'+S$

式中，V'为提馏段气相流量；R 为回流比；D 为萃取精馏塔塔顶产品采出量；L'为提馏段液相流量；V 为精馏段气相流量；L 为精馏段液相流量；S 为溶剂加入量。

当溶剂温度低于塔内温度时，由于溶剂沿塔高向下流动时，温度逐渐升高，这就需要有一定量的蒸气冷凝，以补偿溶剂升温所需要的热量，使内回流增大。此时任一塔板的气、液相流率为：

精馏段：

$$L_n=RD+S+\frac{SM_SC_S(t_n-t_S)}{\Delta H_V} \tag{2-81}$$

$$V_{n+1}=L_n+D-S=RD+D+\frac{SM_SC_S(t_n-t_S)}{\Delta H_V} \tag{2-82}$$

提馏段：

$$L_n=RD+S+\frac{SM_SC_S(t_n-t_S)}{\Delta H_V} \tag{2-83}$$

$$V_{n+1}=L_n+D-S=RD+D\ \frac{SM_SC_S(t_n-t_S)}{\Delta H_V} \tag{2-84}$$

式中，L_n 为第 n 块塔板液相流量；V_n 为第 n 块塔板气相流量；M_S 为溶剂的分子量；C_S 为溶剂的平均比热容；t_S 为溶剂的进塔温度；ΔH_V 为被分离组分在溶剂中的溶解热，当混合热可忽略时，即等于气相组成的蒸发潜热；t_n 为第 n 板的温度。

不难看出，此时在塔内液相向下流动的过程中，随温度不断升高而气、液相量将随之增大。

(2) 溶剂量在塔内的变化

若对溶剂做物料衡算，可得：

$$V_{n+1}(y_S)_{n+1}+S=L_n(x_S)_n+D(x_S)_D$$

由于塔顶产品中溶剂的含量很低，若 $(x_S)_D\approx 0$ 时，则上式成为：

$$V_{n+1}(y_S)_{n+1}+S=L_n(x_S)_n \tag{2-85}$$

若以 S 代表各板下降液体中溶剂的流率，则：

$$\overline{S}=L_n(x_S)_n=V_{n+1}(y_S)_{n+1}+S \tag{2-86}$$

由上式可看出，塔内各板下降的溶剂量均大于溶剂的加入量，且溶剂的挥发性越大，其差值也越大。

(3) 溶剂浓度在塔内的变化

对精馏段任一板做物料衡算：

$$\text{总物料}\ V+S=L+D$$

$$\text{溶剂}\ Vy_S+S=Lx_S$$

由上两式得：

$$y_S=\frac{Lx_S-S}{V}=\frac{Lx_S-S}{L+D-S}$$

设溶剂 S 对被分离组分的相对挥发度为 β，则：

$$\beta=\frac{y_S/x_S}{(1-y_S)/(1-x_S)}$$

由上式得：

$$y_S=\frac{\beta x_S}{1+(\beta-1)x_S}$$

整理得：

$$x_S=\frac{S}{(1-\beta)L-\left(\frac{\beta D}{1-x_S}\right)}$$

将 $L=RD+S$ 代入上式得：

$$S=\frac{RDx_S(1-\beta)-\left(\frac{x_S}{1-x_S}\right)}{1-(1-\beta)x_S} \tag{2-87}$$

同理得提馏段浓度：

$$\overline{x_S}=\frac{S}{(1-\bar{L})-[\beta W/(1-\overline{x_S})]} \tag{2-88}$$

由上式可看出，溶剂浓度 x_S、$\overline{x_S}$ 的值与溶剂加入量、溶剂对原溶液的相对发挥度 β 以及塔板间的液相流率有关。显然，在 S 和 L 一定时，β 越大，x_S 也越大。而当 $\beta=0$ 时，$x_S=S/L=S/(S+RD)$。在萃取精馏的基本原理讨论中已知，x_S 大，有利于原溶液组分的分离。但当 L 一定时，使 x_S 增大，将使塔内气、液相中原溶液量减少，塔顶回流量减少，这对原溶液的分离又产生不利的影响，在一般的工程估算中，若在全塔范围内 β 的变化不大于 15%～20%，则可认为是定值。由式（2-87）和式（2-88）还可看出，当 S 及 β 一定时，加大 L 则 x_S 下降。因此，萃取精馏塔不同于一般精馏塔，增大回流比并不总是能够改善分离度，对于一定的溶剂与原料比，通常有一个最佳回流比，它是由回流比所固有的优点与溶剂浓度对分离度的影响之间的权衡所决定的。

(4) β 的确定

$$\beta=\frac{K_S}{K_{12}}=\frac{\frac{y_S}{y_1+y_2}}{\frac{x_S}{x_1+x_2}}=\frac{x_1+x_2}{x_S}\times\frac{1}{\frac{y_1}{y_S}+\frac{y_2}{y_S}}=\frac{x_1+x_2}{x_S}\times\frac{1}{\alpha_{1S}\frac{x_1}{x_S}+\alpha_{2S}\frac{x_2}{x_S}}=\frac{x_1+x_2}{x_1\alpha_{1S}+x_2\alpha_{2S}}$$

由上式知，在塔顶条件下，由于 $x_2\rightarrow 0$，故 $\beta=1/\alpha_{1S}$；而在塔釜条件下，因 $x_1\rightarrow 0$，故 $\beta=1/\alpha_{2S}$。对于全塔可取平均值，即：

$$\beta=\sqrt{\frac{1}{\alpha_{1S}}+\frac{1}{\alpha_{2S}}}$$

当 β 很小时，有：

$$x_S=\frac{S}{(1-\beta)L}\overline{x_S}=\frac{S}{(1-\beta)\bar{L}} \tag{2-89}$$

(5) 溶剂浓度在再沸器内的跃升

如图 2-28 所示，对再沸器做物料衡算可得：

$$\bar{L}=\bar{V}+S+W \tag{2-90}$$

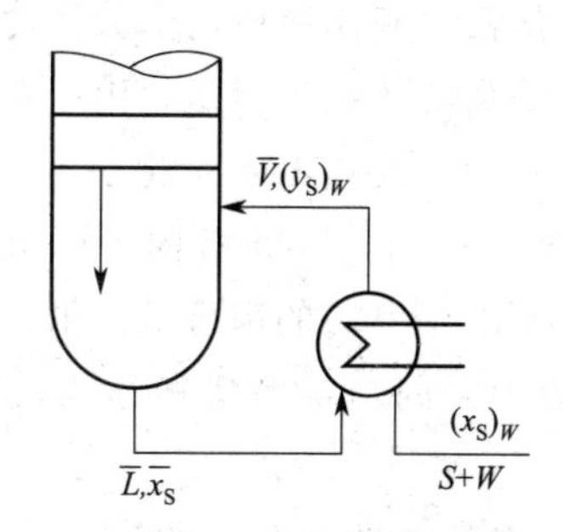

图 2-28　再沸器的物料关系图

对溶剂 S 做物料衡算：

$$\bar{L}\overline{x_S}=\bar{V}(y_S)_W+(S+W)(x_S)_W \tag{2-91}$$

由于溶剂的挥发度远比所处理的物料挥发度低，当把溶剂看作不挥发时，则：

$$\bar{L}\overline{x_S}=(S+W)(x_S)_W \tag{2-92}$$

$$\frac{\overline{x_S}}{(x_S)_W}=\frac{S+W}{\bar{L}}=\frac{S+W}{\bar{V}+S+W} \tag{2-93}$$

可知不但 $(x_S)_W>\overline{x_S}$，且相差较大，所以由于溶剂沸点与所处理的组分沸点相差较大，挥发度较小，在再沸器中溶剂浓度将有一跃升，致使再沸器的温度比塔底最下板的温度增加较大。

(6) 萃取精馏塔的热量衡算

萃取精馏过程所需的热量可由全塔热量衡算求得：

$$Q_W+Sh_S+Fh_F=Q_{冷}+D_Dh_D+(S+W)h_W \tag{2-94}$$

式中　h_S，h_F，h_D，h_W——分别为溶剂、进料、塔顶产品和塔釜液的摩尔焓；

Q_W，$Q_{冷}$——分别为加入再沸器的热量和冷凝器取走的热量。

由于溶剂浓度很大，一般在 60%～80%，原溶液组成在液相中所占百分数较小，故若进料、馏出液及釜液均为饱和液体时，可假定：

$$Fh_F=D_Dh_D+Wh_W \tag{2-95}$$

则式(2-94) 可写为：

$$Q_W=Q_{冷}+S(h_W-h_S) \tag{2-96}$$

由于釜温高于溶剂加入时的温度，即 $h_W > h_S$。所以由再沸器加入的热量将大于冷凝器取走的热量。

(7) 萃取精馏的注意事项

萃取精馏与一般精馏虽然都是利用液体的部分汽化、蒸气的部分冷凝产生的富集作用，从而将物料加以分离的过程，但是，由于萃取精馏中加入了大量的萃取剂，因此与一般精馏相比有如下几点需要注意：

① 由于加入的萃取剂是大量的，因此塔内下降液量远远大于上升蒸气量，从而造成气液接触不佳，故萃取精馏塔的塔板效率低，大约为普通精馏的一半左右（回收段不包括在内）。在设计时应注意塔板结构及流体动力情况，以免效率过低。

② 由于组分间相对挥发度是借助萃取剂的加入量来调节的，随萃取剂在液相中的浓度的增加，组分 1、2 的相对挥发度增大。当塔顶产品不合格时，不能采用加大回流的办法来调节，因为这样做会使萃取剂在塔内浓度降低，反而使情况更加恶化。一般调节方法有：a. 加大萃取剂用量；b. 减少进料量，同时减少塔顶产品的采出量。这也就是在不改变下降液量的前提下加大了回流比。

③ 通常萃取剂用量较大，塔内液体的显热在全塔的热负荷中占较大比例，所以，在萃取剂加入时，温度微小的变化，都直接影响上升蒸气量，从而波及全塔。应该以萃取剂恒定浓度与萃取剂温度作主要被调参数，以保持塔的稳定，当操作条件接近液相分层区时，更要特别注意。

④ 在决定塔径及设计塔板结构时，除了按照蒸气量（包括萃取蒸气在内）计算外，还应注意液流中有较大量的萃取剂。

⑤ 在萃取精馏塔内，液相中萃取剂的浓度一般 >0.6 或更多，此时，塔中组分 1、2 的浓度变化范围仅在 <0.4 以内，因此，塔内温度有些变化，由塔顶向下温度会升高，但变化不显著。在回收段内，由于萃取剂含量迅速下降，仅几块板，即可使 x_S 由 0.6～0.8 变为 0，这样会引起温度的陡降。塔釜处，由于基本上是萃取剂，因此塔釜温度也可能会急剧上升。

2.6.7 萃取剂的选择

工业生产中适宜溶剂的选择主要考虑以下因素：

① 溶剂选择性　溶剂的加入能够使原有组分的相对挥发度按照分离要求的方向改变，选择性可以用相对挥发度表示。要求溶剂具有较高的选择性，以提高溶剂的利用率。

② 溶剂溶解性　要求溶剂与原有组分间有较大的相互溶解度，以防止液体在塔内产生分层现象，但具有高选择性的溶剂往往伴有不互溶性或较低的溶解

性，因此需要通过权衡选取合适的溶剂，使其既具有较好的选择性，又具有较高的溶解性。

③ 沸点　溶剂的沸点应高于原进料混合物的沸点，以防止形成溶剂-非溶剂共沸物；但也不能过高，以避免造成溶剂回收塔釜温过高。

④ 其他　溶剂的黏度、密度、表面张力、比热容和蒸发潜热等的大小都直接影响塔板效率和热量消耗，对过程的经济指标也产生影响；此外，溶剂使用安全、无毒性、不腐蚀、热稳定性好、价格便宜及来源丰富等也都是选择溶剂时要考虑的因素。由于萃取精馏混合物多为强非理想型的系统，所以在选择萃取剂时应综合考虑多方面因素。

萃取精馏能否实现，其经济效益如何，萃取剂的选择是个关键性的问题。一般来说，对萃取剂的要求如下：

(1) 热力学角度

由式：
$$\ln(\alpha_{12})_S=\ln\left(\frac{p_1^0}{p_2^0}\right)+A'_{12}(1-x_S)(1-2x'_1)+x_S(A'_{1S}-A'_{2S})$$

和式：
$$\ln\alpha_{12}=\ln\left(\frac{p_1^0}{p_2^0}\right)+A'_{21}(1-2x'_1)$$

得：
$$\ln\frac{(\alpha_{12})_S}{\alpha_{12}}=x_S[A'_{1S}-A'_{2S}-A'_{12}(1-2x'_1)] \tag{2-97}$$

由上式知萃取剂的选择原则为：尽量使 $(\alpha_{12})_S$ 增大，$(\alpha_{12})_S/\alpha_{12}$ 增大，则萃取剂必须满足：

$$A'_{1S}-A'_{2S}-A'_{12}(1-2x'_1)>0$$
$$A'_{1S}-A'_{2S}-|A'_{12}|>0$$
$$A'_{1S}>0 \qquad A'_{2S}\leqslant 0$$

(2) 工艺角度

① 能使原有组分的相对挥发度按所希望的方向改变，并有高的选择性。

② 易于从被分离的混合物中回收，即不与原有组分起化学反应，不形成恒沸物，并应与原有组分有一定的沸点差等。

③ 具有适宜的物性，例如对被分离组分的溶解度要大，不致在塔板上产生分层现象。黏度、密度、表面张力、比热容等影响板效率和热量消耗的各种物性值，对经济指标也有较大的影响。

④ 使用要安全、无毒，对设备不腐蚀，热稳定性好，价格低廉，来源丰富等。

在上述要求中，首要的是应符合要求①。

目前，萃取剂主要通过试验来进行选择，下面介绍选择萃剂的一些方法。

(1) 实验方法

通过测定萃取剂存在下的气液平衡数据是最准确的选择方法，但试验次数多，操作繁复。常以等摩尔的被分离组分混合液中加入等质量的萃取剂(例如混合液及萃取剂各 100g)相混合后，通过测定气液两相的平衡组成，并计算其相对挥发度。相对挥发度越大，萃取剂选择性越强。

测定平衡数据→计算

$$\alpha_{12}=\frac{y_1x_2}{y_2x_1}=\frac{p_1^0\gamma_1}{p_2^0\gamma_2}$$

(2) 经验关联式

根据要求 α_S 应大于1，故在溶剂存在下，应使 $\gamma_1/\gamma_2>p_2^0/p_1^0$。

$$\ln\left(\frac{\gamma_1}{\gamma_2}\right)_S=A_{12}(x_2-x_1)+x_S(A'_{1S}-A'_{2S})=A'_{21}(1-x_S)(1-2x'_1)+x_S(A'_{1S}-A'_{2S})$$

由式可知，两个双组分系统的端值常数差值（$A'_{1S}-A'_{2S}$）越大，则 α_S 越大。可把此作为选择溶剂的基准。另外，溶剂浓度越大 γ_1/γ_2 越大，但 x_S 过大，增加萃取精馏的设备投资和操作费用，一般取 $x_S=0.6\sim0.8$。

(3) 按溶剂溶解度的大小选择

溶剂溶解度的大小直接影响萃取剂的用量、动力和热量的消耗。

(4) 从同系物中选择

按萃取剂的萃取原理，通常希望所选的萃取剂应与塔釜产品形成理想溶液或具有负偏差的非理想溶液。与塔釜产品形成理想溶液的萃取剂容易选择，一般可在同系物或性质接近的物料中选取。对于萃取精馏，希望萃取剂与塔顶组分 1 形成具有正偏差的非理想溶液，且正偏差越大越好。

总之，萃取剂的选择原则如下：

① 选择性强，即能使被分离组分间的相对挥发度产生比较显著的变化。

② 溶解度大，能与任何浓度的原溶液完全互溶，以充分发挥各块塔板上萃取剂的作用。

③ 本身的挥发性小，使产品中不致混有萃取剂，也易于和另一组分分离。

④ 来源充足，价格便宜，符合其他经济和安全要求。

2.6.8 萃取精馏过程的计算

在萃取精馏过程中由于加入大量高沸点的溶剂使塔内溶剂的浓度很大，液相流率大大高于气相流率。所以塔内液相的热容量比一般精馏时大得多，液相的热焓值在热衡算中起的作用也较大。一般来说，即使沿塔高的温度变化不大，塔内气液相流率也会有较大的变化，使塔内液气比和溶剂浓度沿塔高而变化。操作线也不再是直线，而气液平衡关系的计算也较复杂。精确的计算可利用电子计算机以精确逐板计算法（逐次逼近法）计算。但往往由于没有足够完整的物性数据，特别是关于混合热的数据而遇到困难。在很多情况下，特别是被分离组分的化学性质相近的物系，例如分离烃类混合物时，溶剂的浓度和液体的热焓沿塔高的变化则较小。这时，溶剂的影响只是改变欲分离混合物组分之间的相对挥发度。计算时采用适当的相对挥发度数据后，就可以不考虑溶剂的存在。这可以大大简化计算，特别是被分离物系为二组分时更为明显。由于溶剂的浓度很高，一般在 0.6～0.8（摩尔分数），还可以做另一个重要的简化。前已指出，溶剂的加入减弱了原溶液组分分子之间的相互作用的影响，随着溶剂浓度的增大，原组分间的相对挥发度受其组分浓度的影响就越小，从这个意义上可认为原组分溶液越来越接近理想溶液。因此，当溶剂浓度较大时，就可采用一个只与溶剂浓度有关，而与原溶液组分间的相对含量无关的平均相对挥发度值来进行萃取精馏过程的计算。当然，由这一简化而引起的误差，随原溶液的非理想程度的增大而增加。而对烃类溶液，由于它接近理想溶液的物系，这一假设所带来的误差是相当小的。萃取精馏塔的回收段，其作用在于尽可能减少溶剂在塔顶产物中的含量。由于溶剂在回收段中浓度很小，$x_S \to 0$。可用公式计算回收段的理论板数，但一般可根据经验，取几块理论板即可。

(1) 图解法

① 进行物料衡算，确定 x_D、D、x_W、W。

② 计算平均相对挥发度（$\alpha_{平}$）。

③ 根据 $\alpha_{平}$ 作 y'-x'图，二元平衡关系式为：

$$y_1' = \frac{\alpha_{平} x_1'}{1+(\alpha_{平}-1)x_1'}$$

④ 确定 R_m 和 R。

$$R_m = \frac{x_D' - x_q'}{y_q' - x_q'}；R = nR_m（一般 R 取 1.5R_m）$$

⑤ 画精馏段和提馏段操作线。

⑥ 画梯级，求 N 及进料位置。

(2) 简捷法

① 进行物料衡算，确定 x_D、D、x_W、W。

② 计算平均相对挥发度。

③ 由恩德伍德法求 R_m。

$$\sum \frac{\alpha_i (x_{D,i})_m}{\alpha_i - \theta} = R_m + 1$$

$$\sum\frac{\alpha_i x_{F,i}}{\alpha_i-\theta}=1-q$$

由芬斯克公式求 N_m：

$$N_m=\frac{\lg\left[\frac{(x_A/x_B)_D}{(x_A/x_B)_W}\right]}{\lg\alpha_{AB}}$$

④ 由吉利兰图求 N。

(3) 逐板计算法

假设：

① 恒摩尔流（操作线为直线）。

② S 不变，忽略 T 对 α 的影响。

步骤：

① 做物料衡算，确定 x_{D1}、x_{W1}、x_{S1}。

② 根据操作关系，求解操作线方程（分三段）。

③ 确定平衡关系（y_{1n}，x_{1n}，α_{1n}）。

$$y_{in}=\frac{(\alpha_i x_i)_n}{\sum(\alpha_i x_i)_n}$$

④ 逐板计算

a. 计算的起点：从物料估算准确的一端开始计算。

b. 进料位置的判断

分离效果：　$\frac{x_{lk}}{x_{hk}}$或$\frac{y_{lk}}{y_{hk}}$

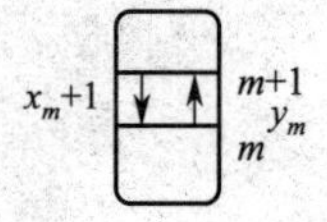

提馏段：　$L'x'_{m+1,i}=V'y'_{m,i}+Wx_{W,i}$

精馏段：　$Lx_{m+1,i}=Vy_{m,i}+Wx_{D,i}$

$$\left(\frac{x_{lk}}{x_{hk}}\right)_{m+1}=\frac{Vy_{m,lk}-Dx_{D,lk}}{Vy_{m,hk}-Dx_{D,hk}}$$

$$\left(\frac{x'_{lk}}{x'_{hk}}\right)_{m+1}=\frac{V'y'_{m,lk}-Dx_{D,lk}}{V'y'_{m,hk}-Dx_{D,hk}}$$

由下向上计算至 m 板，若

$$\left(\frac{x_{lk}}{x_{hk}}\right)_{m+1}>\left(\frac{x'_{lk}}{x'_{hk}}\right)_{m+1}$$

则 m 板为进料板。

由上向下计算至 $m-1$ 板：

$$\left(\frac{x_{lk}}{x_{hk}}\right)_{m}>\left(\frac{x'_{lk}}{x'_{hk}}\right)_{m}$$

则 m 板为进料板。

c. S 的加入板的确定原则：总板数最少，通常塔顶两个关键组分的浓度同时达到要求时，总板数最少。

2.7 气固多相催化反应原理

催化剂是控制和影响加氢质量和速率的关键因素，德国 Uhde 低温气相加氢技术（KK 法）预反应过程采用 Ni-Mo 催化剂，主反应过程采用 Co-Mo 催化剂，均为气固多相催化反应过程。

2.7.1 气固多相催化反应动力学

气固多相催化反应动力学是考察气固多相催化反应中哪些因素影响以及如何影响反应速率的，反应的机理如何。研究气固多相反应动力学，从实用角度说，在于为工业催化过程确定最佳生产条件，为反应器的设计打基础；从理论上说，是为认识催化反应机理及催化剂的特性提供依据。催化动力学参量不仅是机理证明的必要条件，也是催化剂化学特性的重要量度。这些参量是现有催化剂改进以及新型催化剂设计的依据。比如，速率常数可用于比较催化剂的活性，活化能可用于判断活性中心的异同，指前因子可用于求取活性中心的数目，等等。这些都是化学动力学研究在催化理论上的价值体现。

气固多相催化反应的完成包括以下步骤：

① 反应物自气流的主体穿过催化剂颗粒外表面上的气膜扩散到催化剂颗粒外表面（外扩散）；

② 反应物自外表面向孔内表面扩散（内扩散）；

③ 反应物在内表面上吸附形成表面物种（吸附）；

④ 表面物种反应形成吸附态产物（表面反应）；

⑤ 吸附态产物脱附，然后沿与上述相反的过程，直到进入气流主体。

其中的吸附、脱附和表面反应为表面化学过程，而外扩散与孔内的扩散是传质过程。

气固多相催化反应的动力学具有以下两个特点：

① 反应是在催化剂表面上进行，所以反应速率与反应物的表面浓度或覆盖度有关；

② 由于反应包括多个步骤，因而反应动力学就比较复杂，常常受吸附与脱附的影响，使得总反应动力学带有吸附或脱附动力学的特征，有时还会受到内扩散的影响。

2.7.1.1 外扩散对反应动力学的影响

当外扩散的阻力很大时，它就成为速控步骤，这时总过程的速率将取决于外扩散的阻力，这种情况就称为反应在外扩散区进行。此时，由于在催化剂的外表面发生反应，不断消耗反应物，在气流主体与催化剂外表面间形成一层扩散层或气膜，层间有较大的浓度差，无均相反应，其间只有扩散，所以浓度梯度沿膜的厚度是均匀变化的。这样，反应物自气流主体向催化剂外表面扩散的速率可以用 Fick 定律的方程表示：

$$r_{\mathrm{dif}}=D\left(\frac{c_0-c_{\mathrm{s}}}{L}\right) \tag{2-98}$$

式中，D 为扩散系数；L 为扩散层的厚度；c_0 和 c_{s} 分别为反应物在气流主体内和外表面上的浓度。

因为外扩散成为速控步骤，扩散速率代表总反应速率，从上式可以看出，在外扩散区进行的反应，其反应的级数与传质过程的级数一致，均为一级过程，与表面反应的级数无关。所得到的表观活化能与反应物的扩散活化能相近，约为 4～12kJ/mol。

随着气流线速的提高，气流的湍流程度增加，从而使包围在催化剂颗粒外表面的气膜变薄，这也导致扩散系数增加，以致总反应速率加快。

在动力学研究中，常利用气流线速对总反应速率的这种强烈影响作为判别外扩散是否成为速控步骤的主要依据。

2.7.1.2 内扩散对反应动力学的影响

固体催化剂多为多孔材料，具有很大的内表面。反应物分子主要以扩散方式进入孔中，根据分子自身间的碰撞、分子与孔壁间碰撞的关系，内扩散可以分为体相扩散与 Knudson 扩散两种方式。此外还有一种特殊的扩散——构型扩散。反应物进入孔的机理不同，它们的浓度在孔中的分布也不同，对反应速率及速率参数也将产生不同的影响。

(1) 体相扩散

体相扩散又称容积扩散。当固体的孔径很大，气体十分浓密，气体分子间的碰撞数远大于气体分子与孔壁的碰撞数，这时发生的扩散即为体相扩散。在一个大气压下分子的平均自由程约为 10^2nm，这样当固体的孔径大于 10^3nm 时，分子的扩散速率将与孔径无关。

描述扩散速率使用 Fick 第一定律。对一维的扩散，Fick 定律给出的扩散速率为：

$$r_{\mathrm{dif}}=\frac{\mathrm{d}N}{\mathrm{d}t}=-Ds\ \frac{\mathrm{d}c}{\mathrm{d}x} \tag{2-99}$$

式中，D 为扩散系数；s 为发生扩散的面积；$\mathrm{d}c/\mathrm{d}x$ 为 x 方向上扩散物的浓度梯度；负号表示扩散指向浓度减小的方向。根据气体动力学理论，发生体相扩散的扩散系数 D 为：

$$D=\frac{1}{3}\bar{v}\lambda \tag{2-100}$$

式中，$\bar{v}$ 为气体分子的平均速率；λ 为气体分子的平均自由程。

$$\lambda=\frac{0.707}{\pi\sigma^2 c_\mathrm{T}} \tag{2-101}$$

式中，σ 为分子的直径；c_T 为总浓度（或总压力）。D 与气体的压力成反比。

体相扩散发生在多孔催化剂上时，由于孔结构的影响，扩散系数要修正。修正后的扩散系数称为有效扩散系数 D_eff，它与扩散系数的关系为：

$$D_\mathrm{eff}=\frac{D\theta}{\tau} \tag{2-102}$$

式中，θ 为孔隙率，引入 θ 表明在多孔颗粒情况下的扩散应该是没有催化剂存在时的扩散的一个分数，对许多实用催化剂而言，θ 值一般在 0.3～0.7 之间；τ 为弯曲因数，引入 τ 是对孔道弯曲造成的阻力所做的校正，其值一般在 2～7 之间。

(2) Knudson 扩散

当孔径很小，气体稀薄时，分子与孔壁的碰撞数远大于分子自身的碰撞数，这时发生的扩散称为 Knudson 扩散。在孔径明显小于分子的平均自由程（10^2nm）时，一些在中等压力下的气体反应就发生这种情况。描述这种扩散的速率仍然使用 Fick 第一定律，但扩散系数采用 Knudson 扩散系数 D_K，由气体分子运动理论得：

$$D_\mathrm{K}=\frac{2}{3}\bar{v}r \tag{2-103}$$

式中，r 为孔的半径。当 r 具有一定分布时，r 取平均值。从上式看出，在发生 Knudson 扩散时，扩散系数与孔径成正比，与压力无关。

在多孔催化剂情况下，Knudson 扩散系数修正为：

$$D_\mathrm{K,eff}=\frac{D_\mathrm{K}\theta}{\tau_\mathrm{m}} \tag{2-104}$$

这类似体相扩散的情况，其中 τ_m 表示由平均孔径算得的弯曲因数。

扩散系数除实验测得外，也可用下面的半经验公式计算：

$$D=\frac{1}{3}\bar{v}\lambda\left[1-\exp\left(-\frac{2r}{\lambda}\right)\right] \tag{2-105}$$

该公式考虑到两种扩散及两种扩散间的过渡情况（100～1000nm）。当 r 比 λ

小很多时，式(2-105) 还原为式(2-103)，即为 Knudson 扩散情况。当 r 比 λ 大很多时，式(2-105) 还原为式(2-100)，即为容积扩散情况。

(3) 构型扩散

当分子的大小与孔道相近，这时发生构型扩散。因为沸石分子筛的孔直径多在 1nm 以下，与分子的动力直径接近，因而在沸石分子筛中常发生这样的扩散。构型扩散的速率很慢。比如沸石内的扩散系数大约在 $10^{-11}cm^2/s$ 以下，而液体容积扩散系数约为 $10^{-1}cm^2/s$，气体的 Knudson 扩散系数在 $10^{-3}cm^2/s$ 左右。扩散系数小，意味着扩散活化能高，因而构型扩散的活化能高于其他两种扩散很多。关于孔径对扩散的影响可从图 2-29 得到说明。

在构型扩散区，分子的构型对扩散有举足轻重的影响。表 2-17 显示具有不同分支度的石蜡烃和烯烃扩散系数的变化。

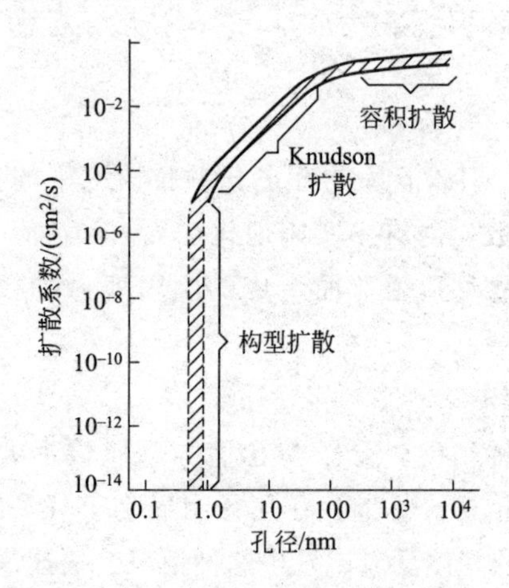

图 2-29 孔径大小对扩散系数的影响

表 2-17 一些烃分子在 ZSM-5 分子筛内的扩散系数

烃分子	温度/K	扩散系数 $D/(cm^2/s)$
1,3,5-三甲基苯	623	10^{-12}
邻二甲苯	623	10^{-12}
对二甲苯	623	$\geqslant 10^{-7}$
乙烷,丙烷	293	$\geqslant 10^{-5}$
3,3-二甲基-1-丁烯	811	7×10^{-8}
2,2-二甲基丁烯	811	2×10^{-8}
2,2-二甲基庚烷	811	3×10^{-8}
三甲基戊烷	811	4×10^{-5}
正己烯	811	5×10^{-4}

扩散系数不同会影响反应的进行。如实验发现烷烃异构体在 ZSM-5 分子筛内的裂解速率有以下顺序：正庚烷＞2-甲基己烷＞二甲基戊烷。这说明分子构型

不同时，将通过扩散的差别影响反应速率。

当沸石类型固定时，在同系物间，随着分子大小的增加，扩散活化能也增加。在沸石内，一个方向上的扩散流明显受到逆向扩散流的阻碍，而在 Knudson 扩散时，相向运动的分子流相互独立互不干扰。沸石内的扩散系数还与下列因素有关：沸石中阳离子的类型、孔道中的杂质，以及反向扩散分子的大小和极性。

2.7.2　气固多相催化反应的机理

2.7.2.1　吸附位能曲线

吸附过程中，吸附体系（吸附质-吸附剂）的位能变化可以用吸附位能图表示。

对于大多数物理吸附而言，其位能变化原则上可以使用 Lennard-Jones 曲线来描述，该曲线原来用于描述两个气体分子质点在相互靠近时的位能变化。当然在吸附条件下就不单单是两个质点间的相互作用，而是吸附分子与表面上的许多原子间的相互作用。这种相互作用的总位能是吸附分子与表面上的许多原子作用能量的加和，对这种加和，Lennard-Jones 曲线给出的描述基本上是正确的。图 2-30 是表示分子物理吸附中位能变化的 Lennard-Jones 曲线图。其中的 X 表示分子 A_2 距表面无限远位能取作零时与表面的距离，随着分子与表面接近，位能下降，到 Y 时发生了物理吸附，放出吸附热 Q_p，这是物理吸附热。当分子再靠近表面时，因排斥作用增强、吸引作用相对减弱，体系位能上升，由于稳定性原因，体系不能在这样的状态下稳定存在。

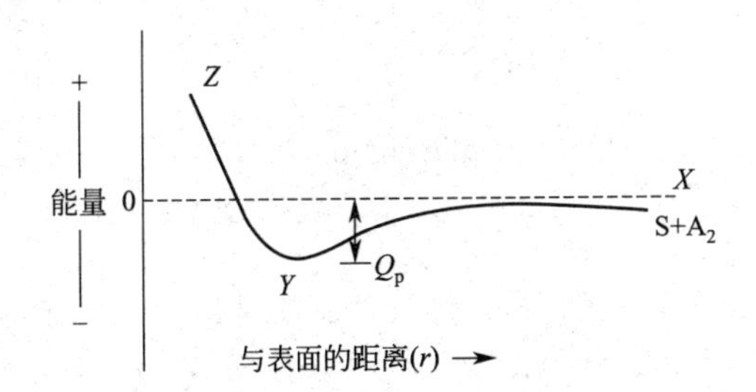

图 2-30　A_2 分子在固体表面 S 上的物理吸附位能曲线

描述活性原子在固体表面上化学吸附的位能变化可用 Morse 公式近似计算，见图 2-31 的曲线。

X 表示活性原子 A 与表面相距很远时的体系位能。随着活性原子与表面接近，位能下降，在 Y 处形成吸附物种 S-A，这一过程放出的能量为 Q_a，虽然这部分能量是以热的形式放出，但文献中不称其为化学吸附热，r_0 为平衡距离。

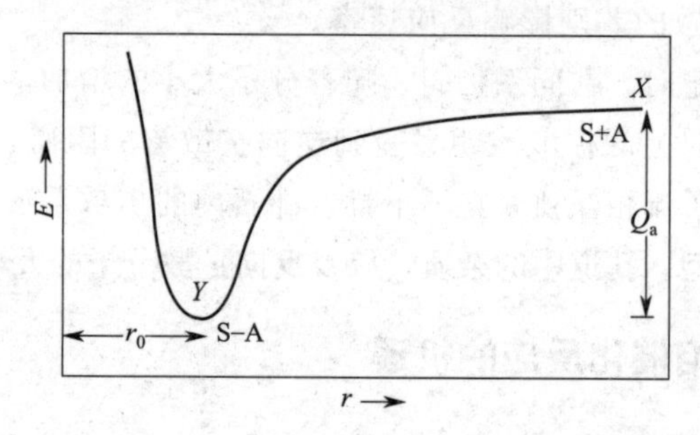

图 2-31　活性原子 A 在固体表面 S 上的吸附位能曲线

将图 2-30 和图 2-31 合绘在一张图上，得图 2-32，这幅图清晰地描述了一个分子靠近固体表面时的能量变化情况。

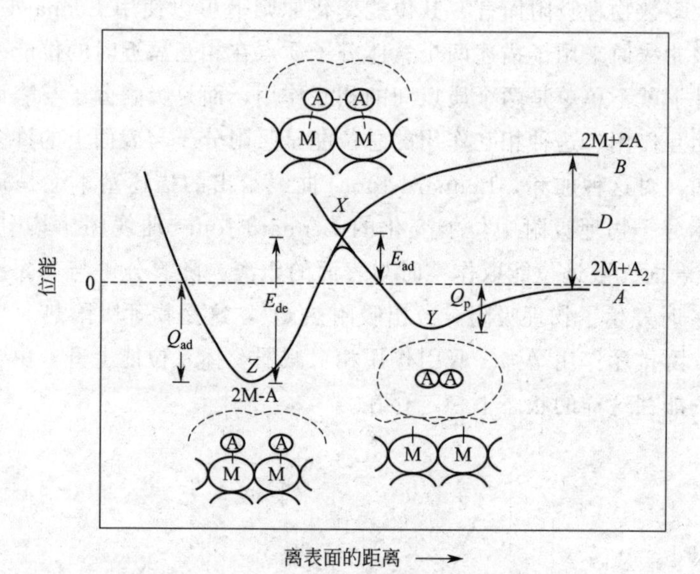

图 2-32　分子 A_2-表面 S 吸附体系的位能曲线

图中 *AYX* 线表示一个分子的物理吸附过程，*BXZ* 线表示活性原子的化学吸附过程，两线有交叉点 *X*。图中 *B* 表示分子吸收能量 *D* 后而解离为原子时的能量状态。*D* 为解离能。当分子向表面靠近时，位能下降，在 *Y* 点发生了物理吸附，放出热量 Q_p，为物理吸附热。物理吸附使分子更靠近表面，常常也称其为前驱态。进一步吸收能量，越过交叉点 *X*，进入解离的原子化学吸附态（图中 *Z* 点），吸收的这部分能量通常称为吸附活化能 E_{ad}。交叉点 *X* 是化学吸附的过渡态。从始态分子到解离为原子的化学吸附态放出的总能量 Q_{ad} 通常称为化学吸附热。从化学吸附态，要克服一个能垒才可能发生脱附，变到分子态，这部分能量 E_{de} 称为脱附活化能。各吸附态的示意图均在位能曲线相应位置标出。

从图 2-32 我们还以看到：

① 由于表面的吸附作用，分子在表面上解离需要克服 E_{ad} 能垒，在气相中直接解离则需要吸收能量 D，分子在表面上活化比在气相中容易，这是由于催化剂吸附分子改变了反应途径的结果。

② 在数值上，脱附活化能等于吸附活化能与化学吸附热之和：

$$E_{de}=E_{ad}+Q_{ad} \tag{2-106}$$

原则上，因为能量的守恒性而使这一关系具有普遍性。

活化吸附与非活化吸附是化学吸附的两种情况。需要活化能而发生的化学吸附称为活化吸附，不需活化能的吸附称为非活化吸附。在位能图上，物理吸附与化学吸附位能线的交点 X 在零能量以上时，为活化吸附，也称为慢化学吸附。X 点在零能量以下时，为非活化学吸附，其相对吸附速率很快，又称为快化学吸附。对于大量的气体-金属体系的吸附，如氢在金属上的解离，X 点在零能量以下，是非活化吸附。

催化剂表面上存在着不同种类的吸附中心，由于这些中心与吸附质形成不同的表面络合物，因而有各自的吸附位能曲线。图 2-33 表示的就是这种情况，而且得到了实验的支持。如在程序升温脱附中，有不同的脱附峰出现，吸附热随覆盖度变化，吸附等压线上有多个极大值等。图 2-34 是氢在 101.3kPa 下在合成氨催化剂（铁）上的吸附等压线，以此例说明催化剂上存在多种吸附中心。等压线上 A、B 两个极大值对应两种化学吸附，它们发生在两种不同的中心上。

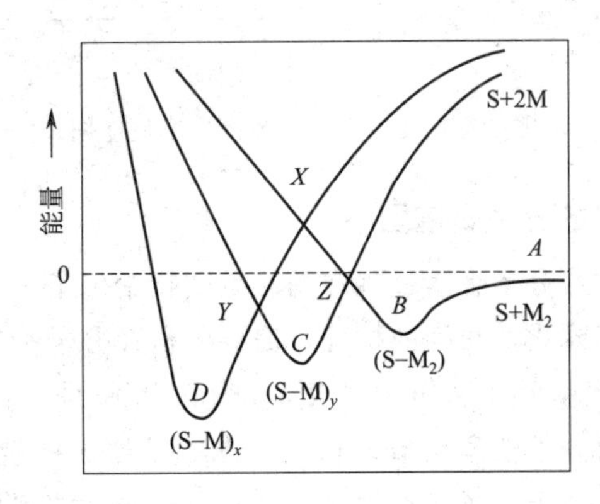

图 2-33 能产生两种化学吸附体系的位能曲线

分子靠近固体表面时的能量变化情况，除了用上面的一维位能曲线表示外，还可以用二维等高的位能图表示。如氢在金属表面上解离吸附的理论研究得到的

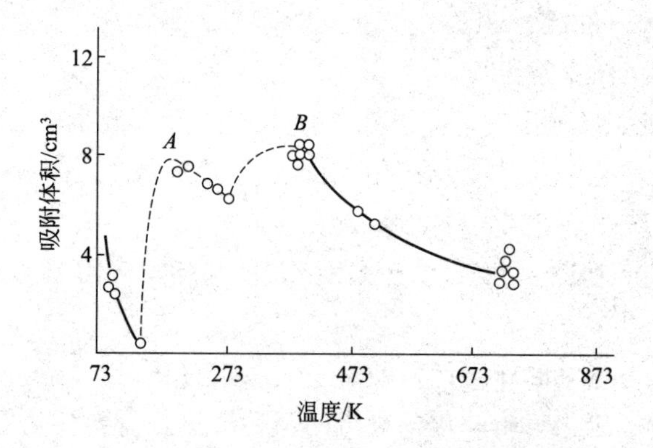

图 2-34 H_2 在铁催化剂上吸附的等压线

结果，以分子的解离即键长 X(H-H)的变化对分子与表面的距离 Y 作图，见图 2-35。反应坐标由虚线画出。可以看出，有一条通道，开始 X 是恒定的，随着分子接近表面，接着出现一个活化位垒，一直越过马鞍点（过渡态），虽然 Y 变化较小，X 却增加，最后分子解离成原子。

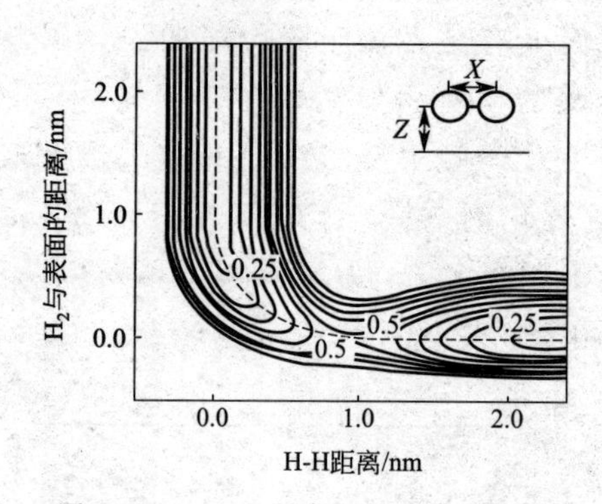

图 2-35 H_2-金属表面的二维位能图

2.7.2.2 化学吸附的分子轨道图

吸附的位能曲线对分子吸附过程中的能量变化给出了一个概念性的描述，为了了解导致分子解离或化学吸附的机理，需要分析在分子和催化表面间的相互作用。为此，把金属-吸附质体系作为“表面分子”考虑是有益的，该络合物的分子轨道由金属和吸附分子轨道组成。首先考虑一单原子的吸附。图 2-36 给出分子轨道连线示意图。由于金属和吸附原子之间电子密度的重叠，形成了一对新的宽轨道，它由原子和金属的电子填充。如果电子占据成键轨道，发生吸引相互作用，如果占据反键轨道，则造成化学键削弱。可能出现以下几种情况：

① 反键的化学吸附轨道完全落在 Fermi 能级以上，它是空的，这时形成一

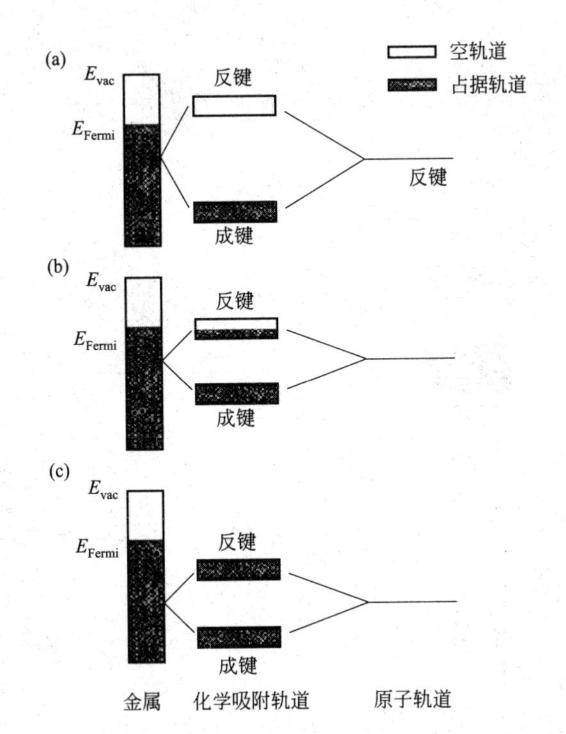

图 2-36　原子在金属 d 轨道上化学吸附的简化轨道示意图

（左侧为标出 Fermi 和真空能级的金属的电子带；

中间为化学吸附轨道；右侧为自由原子的原子轨道）

个强的化学吸附键[图 2-36(a)]。

② 如果原子和金属轨道之间的相互作用弱，则在化学吸附键劈裂开的成键和反键间的能量差小。反键轨道落在 Fermi 能级以下，同时被占据，这时不能导致成键，而是互相排斥，原子离开表面[图 2-36(c)]。

③出现中间情况，反键的化学吸附轨道扩展跨过 Fermi 能级[图 2-36(b)]。在这种情况下，轨道仅部分被占据，这时原子将化学吸附在表面上，化学吸附键的强度比图 2-36(a) 的情况要弱。

为了了解像 H_2、N_2 和 CO 这些双原子分子发生解离化学吸附的条件，有两个分子轨道必须考虑，即前线轨道概念中的最高占有轨道（HOMO）和最低未占有轨道（LUMO）。现在考虑一个简单情况：分子 A_2，它有占有的轨道为 σ 和未占有的轨道为 σ^* 。如在 H_2 中，必须考虑分子的每一个轨道和金属的 s 和 d 轨道之间的相互作用。

必须考虑以下各步骤（见图 2-37）：

① 由 HOMO 组合新的分子轨道。在 A_2 这种情况中，它的成键轨道 σ 由和

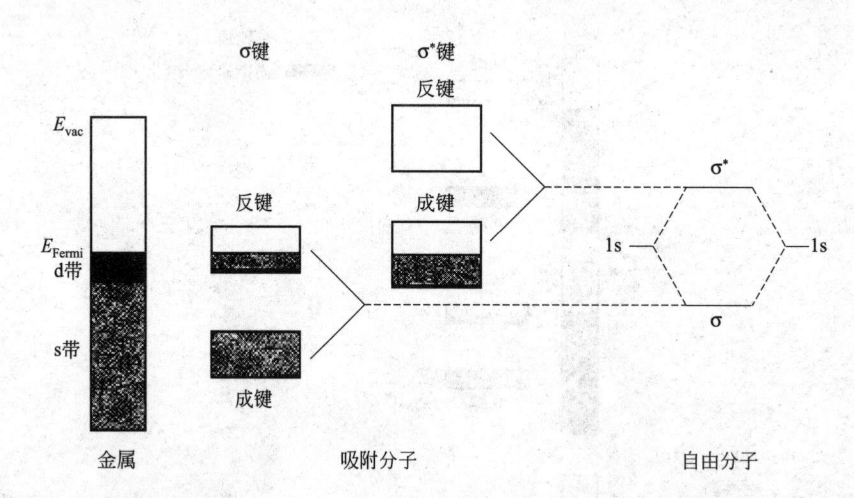

图 2-37 双原子分子在金属 d 轨道上化学吸附的轨道示意图

金属具有适合方向和对称性的一表面能级来构建。

② 对 LUMO 做相同的处理。将 A_2 的反键轨道 σ^* 与其他具有适合方向和对称性的表面能级进行组合。

③ 观察这些轨道相对于金属 Fermi 能级的位置，并且找出是哪一个轨道被填充了，以及填充的程度。

重要的是要注意观察两件事情。第一，在占有的分子轨道 σ 和占有的表面轨道之间的相互作用[见图 2-36(a)]，原则上产生一个排斥作用。因为成键和反键的化学吸附轨道两者都将是占据的。然而，如果反键轨道落在 Fermi 能级之上，这种排斥作用将会部分或全部被解除（如 CO 在铑金属上 5σ 轨道的相互作用）。第二，产生成键轨道的相互作用[见图 2-36(b)]，它可能出现在 Fermi 能级之上或之下。由于吸附分子所参与的 LUMO 轨道相对于分子的原子间的相互作用是反键的，相应轨道的占据将导致分子的解离。如果它是部分被占据，则对 A_2 和表面间的成键贡献小，同时化学吸附分子内 A-A 的相互作用被削弱（如 CO 在大多数Ⅷ族金属上 $2\pi^*$ 轨道的情况）。

2.7.2.3 吸附态和吸附化学键

气体在催化剂上吸附时，借助不同的吸附化学键而形成多种吸附态。吸附态不同，最终的反应产物亦可能不同，因而研究吸附态结构具有重要的意义。早期人们从电导测定、吸附等温线、升温吸附等结果对吸附态进行间接推理。近年来，由于红外光谱技术、电子顺磁共振技术、光电子能谱、低能电子衍射等近代方法的出现，已经可以较为直接地研究吸附态了。下面以粗苯加氢过程中氢的吸附为例介绍有关吸附态的知识。

研究已确定氢分子在化学吸附时通常分解为氢原子或是氢离子，即发生所谓的解离吸附。氢分子在金属上吸附时，氢键均匀断裂，即均裂，形成两个氢原子的吸附物种。

$$H_2 + —M—M— \longrightarrow \begin{array}{c} H\quad H \\ |\quad\ | \\ —M—M— \end{array} \text{ 或 } \begin{array}{c} H\qquad H \\ \diagdown\ \diagup \\ —M—M— \end{array}$$

由于金属及其结构的多样性，吸附态也是多样的，如氢在金属 W 的各个不同晶面上吸附的闪脱谱就出现多个脱附峰，见图 2-38。已确定 γ 峰为氢分子的物理吸附态，β 峰为氢分子解离后的氢原子的吸附态，它又有 β_1、β_2、β_3、β_4 之分，对于不同晶面它们的具体脱附温度也不同，有不同的脱附活化能。可以看出，即使在同一晶面上的吸附，由于吸附位的区别，吸附质与表面的结合能不同，往往也会出现几种不同的吸附态。

氢在金属氧化物上化学吸附时，常常发生氢键不均匀断裂，例如，氢在氧化锌上的化学吸附，通常形成两种表面吸附物种，简称这种断裂为异裂。

$$\begin{array}{cc} H^- & H^+ \\ \vdots & | \\ —Zn^{2+} & —O^{-}— \end{array}$$

这已被红外光谱所证明，它们的吸收谱带分别为 $\upsilon_{OH}=3489cm^{-1}$ 和 $\upsilon_{Zn\text{-}H}=1709cm^{-1}$。

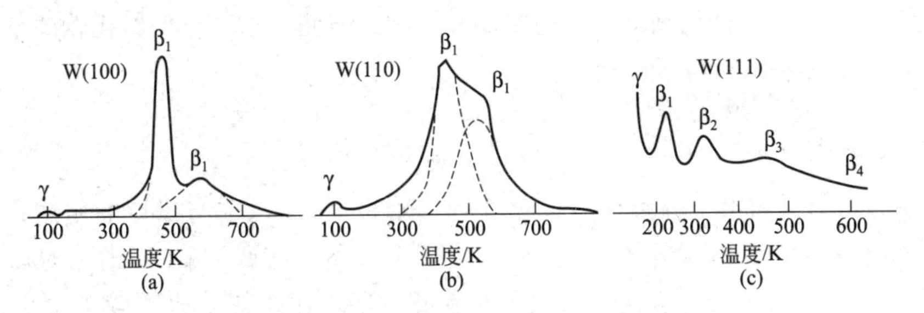

图 2-38　氢在 W 不同晶面上的程序升温脱附谱

2.7.3 催化剂性能的影响因素

2.7.3.1 催化剂的表面积

因为多相催化反应在催化剂表面上进行，一般来说，催化剂表面积越大，其上所含的活性中心就越多，因而催化剂的活性就越高。为了提高催化剂的活性，人们常常设法提高催化剂的表面积，如采用将活性组分负载在具有大表面积的载体上、造孔等方法。但是这种关系仅仅出现在活性组分分布均匀的情况下，平时并不多见。因此通常我们测得的表面积都是总表面积，而活性表面积仅是其中的很少一部分。表面积是表征催化剂性质的重要指标之一，其测定对催化剂的研究具有重要意义。可以通过测得催化剂的表面积获得活性中心、催化剂失活、助剂和载体的作用等方面的信息。催化剂的表面可分为内表面与外表面两种。当催化剂是非孔的，它的表面可看成是外表面，颗粒越细比表面积越大。当催化剂是多孔性的，它的表面积有内、外的区别。内表面是指它的细孔内壁，其余部分为其外表面，孔径越小，孔数目越多时比表面积越大。在这种情况下，总表面积主要是由内表面提供，外表面可忽略不计。

2.7.3.2 催化剂的孔结构

各种催化剂的孔结构彼此有很大区别，孔结构的类型对催化剂的活性、选择性、强度等有很大影响。

(1) 催化剂的孔容

孔容或孔体积，是催化剂内所有细孔体积的加和。孔容是表征催化剂孔结构的参数之一。表示孔容常用比孔容这一物理量，比孔容 V_g 为 1g 催化剂颗粒内部所有的孔体积。从 1g 催化剂的颗粒体积中扣除骨架体积，即为比孔容。

$$V_g=\frac{1}{\rho_p}-\frac{1}{\rho_f} \tag{2-107}$$

式中，ρ_p 为催化剂的视密度；ρ_f 为催化剂的真密度。

一种简易的方法是用四氯化碳法测定孔容。在一定的四氯化碳蒸气压力下，四氯化碳蒸气只在催化剂的细孔内凝聚并充满。若测得这部分四氯化碳的量，即可算出孔的体积。计算采用以下公式：

$$V_g=\frac{W_2-W_1}{W_1 d} \tag{2-108}$$

式中，W_1 和 W_2 分别代表催化剂孔中凝聚 CCl_4 以前与以后的质量；d 为 CCl_4 的相对密度。实验中在 CCl_4 中加入正十六烷，已调整 CCl_4 的相对压力在 0.95，在此情况下，CCl_4 的蒸气仅凝聚在孔内而不在孔外。除了 CCl_4 以外，还可以采用丙酮、乙醇作为填充介质测定孔容。

(2) 催化剂的孔隙率

孔隙率是催化剂的孔体积与整个颗粒体积的比，因此孔隙率可表示为：

$$\theta=\left(\frac{1}{\rho_p}-\frac{1}{\rho_f}\right)/\left(\frac{1}{\rho_p}\right) \tag{2-109}$$

其中分子项代表孔体积，分母项代表颗粒体积。或者对于一个体积为 $1cm^3$ 的颗粒来说，其中所含孔的体积数值，就是孔隙率。

2.7.3.3 催化剂的机械强度

一种催化剂如果希望能在工业上应用，除活性、选择性及稳定性合格外，还应具有足够的机械强度。

影响催化剂机械强度的因素很多，主要有催化剂的物理和化学性能、催化剂的制备方法、制备工艺流程与制备条件。

催化剂在运输、装填和使用过程中，要经受各种压力、撞击、摩擦，因此催化剂应当具有足够的抗压、抗撞击和抗磨损的强度。

不同催化剂的各种强度的测定，在目前尚无统一的标准。

固定床反应器使用的催化剂，它的抗压强度是一个重要的特性参数。床层下部要承受上部的重力以及输送反应物料的压力。

一种常见的测定抗压强度的方法是，将催化剂单个颗粒置于特制的活塞芯下，逐渐加压直到颗粒崩塌，所以抗压强度也称为抗压碎强度。此时塞芯上所加压力，即为催化剂的耐压极限。测量时应根据催化剂形状，对颗粒的轴向和侧向分别测试给出结果。抗压强度以颗粒的单位横截面上承受的压力表示。

在流化床反应器中使用的催化剂主要考虑其抗磨强度，通常是在模仿流化床的气候条件下测定催化剂的抗磨性能，将一定量的催化剂装入流化塔内，从塔底送入净化空气，使催化剂在塔内流化，隔一段时间后，测定催化剂的磨损量，将其除以装入催化剂的量，即得表征催化剂抗磨性能的磨损率。

$$I=\frac{\Delta W}{W}\times 100\% \tag{2-110}$$

式中，W 为装入催化剂的量；ΔW 为装入催化剂的磨损量。

此外，催化剂的耐磨性能可从催化剂使用过程中颗粒大小分布的变化得到反映。在流化中，催化剂颗粒不断碰撞与摩擦，颗粒大小的分布逐渐移向小粒径方向。催化剂颗粒大小的分布对流化床的流化特性影响很大，因此需要经常监测这种分布。用筛分方法可以获得颗粒大小的分布。

2.7.4 催化剂的失活与再生

2.7.4.1 催化剂的失活

催化剂一个重要的考察项目就是催化剂的寿命。从开始使用到催化剂活性、选择性明显下降这段时间，称为催化剂的寿命。影响催化剂寿命的因素很多。在固定了催化剂的制备方法之后，影响催化剂寿命的因素大概有：活性组分的升华，催化剂的中毒、半融、烧结和粉碎，反应副产物的沉积等。粗苯加氢催化剂失活的主要影响因素为烧结和积炭。

(1) 烧结

催化剂使用温度过高时，会发生烧结。烧结导致催化剂有效表面积下降，使负载金属催化剂中载体上的金属小晶粒长大，从而导致催化剂活性降低。负载型金属催化剂上金属颗粒的大小与催化剂置于的气氛以及载体的组成有关。

(2) 积炭

积炭是催化剂失活的另一因素。在烃类的转化中，原料中含有或者在反应中生成的不饱和烃在催化剂上聚合或缩合，逐渐脱去氢而生成含碳的沉积物。

2.7.4.2 催化剂的再生

催化剂活性的再生对于延长催化剂的寿命，降低生产成本是一种重要的方法。常见的粗苯加氢催化剂再生的方式为在固定床或流化床反应器中以连续反应循环方式进行再生和器外再生硫化技术。

(1) 在固定床或流化床反应器中以连续反应循环方式进行再生

在反应循环之间，再生能在本体反应器中进行，或者在分开的设备中进行。即用几个反应器平行操作，系统出口处的转化率可以恒定，为了确保这一点，当某些反应器处在反应周期时，其他的则正在进行催化剂的再生或者互换。

在加工碳氢化合物的工艺中，催化剂失活的主要原因是含碳物质在催化剂上的沉积，即积炭。在这些过程中，再生是通过利用空气或富氧空气使积炭燃烧来实现的。很显然，为了设计和模拟再生设备必须了解正确地描述再生过程的动力学方程。

(2) 催化剂的器外再生硫化技术

近几年来发展起来的一种新的再生技术。催化剂器外再生技术适用于催化剂使用周期比较长的固定床固体催化剂，通过使用器外再生技术可以降低催化剂在器内再生带来的危险隐患，同时器外再生技术可以保证催化剂再生的效果，缩短催化剂再生的时间。同时催化剂器外再生后还可以进行器外硫化，减少了催化剂在反应器中的硫化步骤，可以直接开工生产，催化剂器外硫化可以有效控制硫化的程度，减少器内硫化时的隐患。

第 3 章　粗苯加氢装置的投料与准备

3.1　投料前的准备

化工生产装置的安装工程施工结束后，系统尚不完全具备正式生产条件，还要进行一系列的投产准备工作以便发现并处理系统在设计与工程施工阶段所遗留的问题。投产期是施工结束与正式生产之间一个必要的衔接过程。粗苯加氢精制装置的首次开工一般大体可分为装置交工验收、装置检查、公用工程投用、系统吹扫冲洗、仪表联校、单机试车、加热炉烘炉、低压系统气密、分馏系统水（油）联运、高压系统氮气气密、反应系统干燥、催化剂装填、催化剂干燥、反应系统氢气气密、高压系统紧急泄压试验、催化剂的预硫化、投料试生产等步骤。

对化工装置的开工，要坚持“四不开工”的原则，即检查质量不合格不开工、安全防护措施不齐全不开工、设备堵漏不彻底不开工、环境卫生不符合要求不开工。检查完毕后应由各职能处室进行书面签字验收以确认装置具备开工条件，再由生产管理部门下达开工指令。在开工过程中，要求做到“十个不”，即不跑、不冒、不漏、不串、不误操作、不损坏设备（催化剂）、不出事故、不放过一个异常现象、不漏记一个数据、不失时机保证开工顺利进行。对全体操作人员都必须要求充分了解装置情况，并应熟练掌握开工方案。

3.1.1　工程的“三查四定”与中间交接

“三查四定”是工程交工前所必需的一道施工工序，“三查”即由设计单位、施工单位与建设单位组成的三方人员对整个系统进行一次全面细致的综合性检查。“三查”工作的重点是检查工程的施工质量是否符合相关的标准规范，施工内容是否符合设计图纸的要求，装置中是否存在着质量隐患等不安全因素，所有工作是否全部完成。“四定”即对查出的问题必须定责任、定时间、定措施、定人员。

当“三查四定”工作结束后，装置即由施工阶段转入试车阶段，建设单位应对装置进行接管，此后装置由施工单位负责转为由建设单位负责。由于工程进入试车阶段后，建设单位人员开始大量介入，若工程保管权仍留在施工单位则不利于试车工作的开展。但由于工程尚不具备正式交工条件，因此便存在一个特殊的中间交接阶段，简称“中交”。“中交”阶段是建设单位、施工单位双方人员共同配合进行装置试车工作的阶段，因此双方均要签字以承担责任。工程进入“中交”程序之后，建设单位才获得装置的使用权，方可派遣人员进入，开始进行装置开工的准备工作。

3.1.2 公用设施的投用

粗苯加氢精制装置所使用的公用设施有仪表用空气（IA）、工业用空气（PA）、氮气（N_2）、新鲜水（FW）、消防水（FP）、循环水（CW）、软化水（PW）、低压蒸汽（LS）、中压蒸汽（MS）、燃料气（COG）、甲醇驰放气（VG）以及放空放散系统、火炬系统、电气等。

其中仪表用空气（IA）主要用于仪表信号的传送以及调节阀的动作。工业用空气（PA）主要用于水管线配管的排泄以及向设备内供给空气确保安全作业等。氮气（N_2）主要用于设备与配管的气密试验、N_2 置换等。新鲜水（FW）主要用于设备、配管的水洗以及各蒸馏塔的水运转。消防水（FP）主要用于装置着火时向消防灭火装置供水。循环水（CW）主要供装置内各冷却设备作冷却用水，使用后送出装置，经凉水塔降温后循环使用。在循环水中应添加防止水垢析出以及防腐蚀的药剂。软化水（PW）主要用于除去反应产物中的铵盐。低压蒸汽（LS）主要为装置内各槽、罐、塔的工艺及仪表管线提供伴热热源，另外还用作消防用蒸汽及催化剂再生载气。中压蒸汽（MS）主要为装置内各蒸馏塔系统提供热源，另外通过压力调节阀还可为装置补充低压蒸汽。燃料气（COG）用作反应器加热炉的辅助燃料。甲醇驰放气（VG）用于制取氢气。放空放散系统用于集中装置各单元排放的废油与废气，回收再处理以减少对环境的污染。火炬系统主要用于焚烧装置开停工以及生产不正常时所排放的可燃性气体以避免直接排入大气。

由于在进行设备和配管的清洗、气密试验、N_2 置换、水运转以及开工作业时，以上公用设施是必不可少的，因此它们在开工的最初阶段就应处于可用状态。因为这些公用设施都是从其他部门引入的，所以供给这些介质的部门运转正常和对应管道正常接通是这些介质处于可用状态的前提条件。

所有公用设施按要求接通之后都应该进行确认并检查有无泄漏。

所有涉及电气设施的工作应由电气专业人员完成。

3.1.3 仪表自动化系统的安装调试

(1) 控制仪表的调校

控制仪表的调校包括单体调校与系统调校。仪表的单体调校应当在安装工作之前进行，但若安排过早，超过半年，则失去意义；若安排过迟，则会影响安装进度。因此一般仪表的单体调校由施工单位修建现场简易调试室，在仪表安装的3～4个月前进行。当整套装置的仪表系统安装、管道清洗完毕，压力试验、电缆（线）绝缘检查均合格，电源、气源、液压源与附加电阻配置符合要求后，即可安排仪表的系统调校。

(2) DCS系统的安装与调试

① DCS系统的安装　当操作室与控制室的土建、安装、电气、装修等工程全部完工，操作室与控制室已具备使用条件，其环境温度、湿度、照度及空气净化度符合DCS系统运行条件后，便可开箱安装。DCS系统的硬件安装完成后，还需完成系统的工程组态，然后DCS系统才能投入使用。

② DCS系统的调试　对DCS系统进行调试之前，应对机房环境等各方面情况进行全面细致的检查，否则不允许送电开机。具体的检查内容包括中控室、现场控制站等与系统相关环境的温度、湿度、空气净化度、室内照度等情况是否达到DCS系统的使用条件（系统长时间停机后再开机同样要进行此项检查），用兆欧表抽测导线的绝缘电阻并对装置供电系统（UPS等）与装置供电单元（如熔断管）进行检查。

DCS系统的现场调试工作主要包括硬件调试、软件调试与系统调试。硬件调试和软件调试可以同DCS系统安装后的设备检验工作结合起来进行，而系统调试则是系统投入运行前对整套系统综合性能的最终检查，系统调试的主要工作包括单回路调试与联锁回路调试以及人机对话调试。如系统调试中发生故障且无法在线诊断，则可进行离线诊断，即利用专用设备（如诊断磁盘和维修用插卡）测试检查有关功能。

(3) 试车中仪表自动化系统的调试

在装置的单体试车阶段，仪表安装工作进入了扫尾阶段，施工单位仪表专业人员主要的工作内容包括就地仪表的指示以及大型转动设备报警、联锁装置的开通，并积极帮助建设单位仪表专业人员尽快熟悉系统。

在联动试车前或进行中仪表专业人员即可办理“中交”手续，到了装置的联动试车阶段，仪表系统的使用权与保管权开始从施工单位向建设单位转移，逐渐由建设单位负责，施工单位协助。在该阶段中，原则上仪表全部都将投入运行，但因为试车阶段系统中各工艺参数不稳定，所以如流量表等部分仪表还不能投入运行，控制回路只能放到手动位置，即可在中控室手动开关或调节阀门。在此阶段报警系统、联锁系统要全部投入运行，并在有条件的情况下进行实际试验。联动试车阶段中系统稳定运行 48h 后，不需进入投料试生产阶段即可认为仪表合格。

到了装置的负荷试车阶段，仪表的操作与管理已完全由建设单位负责。但施工单位仪表专业人员仍应在旁协助，以便随时进行必要的检修。

3.1.4 开工前的最终检查

装置在开始试运转之前，应当进行一次全面的最终检查，以确保装置试运转与生产运转的顺利进行。操作人员必须对以下要点做好充分的确认：

① 对整个装置区，应清理周围的场地，无用的危险品及可燃物要清理干净，确认开工中使用的各种材料。清扫油水分离槽与隔油池，将其中的油污和其他悬浮物、沉淀物清除干净。确认消防设备、灭火设备与火灾警报器都可正常工作，灭火器、灭火用软管与各种标志应处于正确位置。准备好安全防护器具、气体检测器、分析仪器等，以便随时使用。整个装置区内禁止无关人员进入，进行特殊操作时还应采取安全绳围挡等措施，非操作人员不得入内。

② 对塔、槽各类设备内部应认真清洗，塔板、除沫器、筛网、堰、内衬等都应安装正确，筛网应无堵塞现象。确认法兰处的螺栓、螺母、垫片、跨接等均配置齐全且安装正确。确认设备上各类仪表安装正确，各液位计内部无污蚀，各排放阀无堵塞现象。确认作业工具已妥善放置。

③ 对加热炉，应确认耐火材料安装正确，各类仪表位置无误；确认点火装置、主烧嘴、长明灯烧嘴安装位置正确且无堵塞现象；确认炉管支架延伸适当。

④ 应对照 PID 图确认配管及管件、仪表、孔板均安装无误。阀门方向正确(特别是三通阀与逆止阀)，安装牢固，操作性能良好。确认法兰处的螺栓、螺母、垫片、跨接等均配置齐全且安装正确。确认在耐压、气密试验中使用的盲板均已拆除。管道支架安装牢固，弹簧支架的临时固定锁已被拆除。

3.2 装置的试车

当系统中所有的设备、管路、公用工程以及仪表电器设备及其附件均已按照设计与相关规范的规定安装完毕，仪表设备也已经过单体调校并确认合格后，装置便可以进入试车阶段。装置的试车一般可分为三步：单体试车、联运试车与负荷试车。

装置的单体试车又称为装置试运行，单体试车工作的主要内容包括转动设备的试车、管道的吹扫、设备和管道的置换以及仪表的二次调校等。

装置的联动试车又称为装置的无负荷试车，目的是检验整套系统的完整性与可靠性。通常用水来代替工艺介质来打通流程（因此该阶段又称为装置的水联动），系统打通流程并稳定运行 48h 后即为合格。

一般系统经联动试车合格后，施工单位便可统一组织各专业人员向建设单位交工，建设单位应组织人员验收。交工验收包括硬件与软件。硬件即完整的、运行正常的、作用正确的仪表及整套系统，软件指隐蔽记录与调试记录等施工过程中的工程记录以及分项工程质量评定记录等交工资料。

质量评定通常的程序为：由施工单位质量管理部门负责人会同建设单位质量监督部门负责人以及相关人员商定单位工程、分部工程及分项工程的划分，然后按工程进展情况进行分部工程的质量评定，在负荷试车合格后进行单位工程的质量评定。质量评定只有两个等级：合格与优良。质量评定的检验项目可分为保证项目、主要检验项目、一般检验项目三部分。质量评定在施工过程中极为重要，整个工程质量的优劣就依靠此检验标准下最终结论。

3.2.1　单体试车

一般在运转设备和配管安装结束后，应尽早安排各运转设备的单体试车，以便利用安装好的各运转设备对管道、容器、塔器等进行各种检验，同时对管道进行清洗。各运转设备的单机试运转应当首先按照相关技术文件的要求对驱动机进行单机试运转，然后再进行机器的试运转。机器试运转又可分为无负荷与有负荷两个阶段，试运转中增减负荷的具体步骤应当按照相关的技术文件或标准规范的规定执行。对大型活塞式压缩机，应当无负荷连续运转 8h，在额定负荷下应连续运转不小于 48h；对中小型活塞式压缩机，应当无负荷连续运转 4h，在额定负荷下连续运转 24h。对化工用泵，应当无负荷连续运转 13min 以上，在额定负荷下连续运转 4h。对罗茨鼓风机，应在额定负荷下连续运转 4h；对离心式及轴流式鼓风机，应在额定负荷下连续运转 2h。

(1) 单体试车的条件

进行单体试车前，各运转设备应具备以下条件：

① 主机及附属设备的就位、找平、找正、检查及调整等安装工作已全部结束，并有齐全的安装记录。

② 二次灌浆达到设计强度，基础抹面工作结束。

③ 与单体试车有关的工艺管道、设备、水电气等公用工程以及电气仪表系统已具备使用条件。

④ 除有碍单体试车检查部位外的保温、保冷及防腐等工程全部结束。

(2) 单体试车的准备

在运转设备启动前，应当落实的准备工作有以下几方面：

① 组织相关人员审查安装记录，审定单体试车方案，检查单体试车现场。

② 在单体试车现场配备好必要的消防设施与防护用具，机器设备上不利于安全操作的外露转动部位应安装防护罩。

③ 机器入口处应按规定安装过滤网（器），确认旋转方向正确、盘车转动灵活，确认放气或排污完毕。

④ 机器的润滑、密封等油系统必须冲洗清洁，符合标准。使用的润滑油（脂）牌号应符合要求，润滑油加入系统前需用不小于 120 目的滤网过滤。对有供油系统的机器，供油状况应符合其润滑要求。

⑤ 确认电气、仪表控制系统及安全保护联锁等设施动作灵敏。

(3) 试运转中的检查项目

启动机器后，在运转过程中应重点检查以下项目：

① 设备有无异常的噪声或其他异常声响。

② 轴承温度、振动值、驱动电机的电压及电流等参数是否符合要求。

③ 各主要部位的温度及各系统压力等参数是否正常。

④ 机器各紧固部位有无松动现象。

若在运行中发现任何异常现象，均应立即停机检查。此外，在运行中还应检查确认试车设备本体的水、油、气等系统在工作压力下不泄漏、不互窜，且保持畅通；各阀门灵活可靠；各仪表指示符合要求。在试运转中，对整个过程应做好详细记录。对于化工用泵类，还有更为详细的试运转要求。

试运转结束后，应及时断开电源及其他动力源，通过放水、放气、排污等措施卸掉各系统中的压力及负荷，检查各紧固部位是否有松动，拆除各临时管路与设施，将正式管道复位。

3.2.2 系统的吹扫清洗

装置吹扫的目的是为了清除残留在设备、管线内的泥沙、焊渣、铁锈等杂质，以防将来杂质卡坏阀门、损坏机泵、堵塞管道或设备。通过吹扫贯通，可以进一步检查设备管线工程质量，检查工艺流程是否畅通无误，并消除安全隐患。另外还可促使操作人员进一步熟悉现场流程，为开工做好准备。

管道的吹扫与清洗应在管道系统强度试验合格后或气压严密性试验前分段进行，吹洗方法应根据对管道的使用要求、工作介质及管道内表面脏污程度确定。根据吹洗所用介质的不同，有水冲洗、空气吹扫、蒸汽吹扫、油清洗、脱脂处理、酸洗与钝化处理等多种不同的要求。

水冲洗适用于工作介质为液体的管道。当设计无规定时，则以目测出口的水色和透明度与入口处一致为合格。若管道条件不能用水冲洗或用水冲洗不能满足清洁要求时，可用空气进行吹扫，但应采取相应的安全措施。

空气吹扫适用于工作介质为气体的管道，如用其他气体吹扫也应采取相应的安全措施。对忌油管道，吹扫气体不得含油。空气吹扫时在排气口设白布或涂有白漆的靶板进行检查，若 3min 内其上无铁锈、灰尘、水分及其他脏物为合格。

蒸汽管道应用蒸汽吹扫，对非蒸汽管道若用空气吹扫不能满足清洁要求时也可采用蒸汽吹扫，但应考虑其结构能否承受高温和热膨胀因素的影响。绝热管道的蒸汽吹扫工作一般应在绝热施工前进行，必要时可采取局部的防烫措施。对一般的蒸汽管道或其他管道，可用刨光木板置于排气口处检查，板上无铁锈、脏物即为合格。

对润滑、密封及控制油管道系统而言，应在设备及管道吹洗或酸洗合格后，系统试运转前进行油清洗。忌油管道系统（如氧气管道）必须按设计要求进行脱脂处理。脱脂前可根据工作介质、管材、管径、脏污情况制定管道的脱脂措施。对于蒸汽及循环水等管道的化学清洗，应按专门规范或设计文件的规定进行酸洗与钝化处理。对管道内壁有特殊清洁要求的油管道，应采用槽浸法或系统循环法进行酸洗，当管道内壁有明显油斑时，不论采用何种酸洗方法酸洗前均应对管道进行必要的脱脂处理。

一般来说，吹洗的顺序应按主管、支管、疏排管依次进行。吹洗前应将系统内的仪表加以保护，并将孔板、喷嘴、滤网、节流阀及止回阀阀芯等拆除并妥善保管，待吹洗后复位，同时将吹洗系统与不允许吹洗的设备及管道隔离。吹洗时应考虑管道支吊架的牢固程度，必要时应事先予以加固。一般来说，管道吹洗出的污物不得进入设备，设备吹洗出的污物也不得进入管道。一旦出现管道中的污物被吹扫入设备的情况，则应对相应设备进行人工清理。管道的吹扫应有足够的流量，吹扫介质流速不应低于工作流速，且一般不低于 20m/s，但应注意吹扫压力不得超过设计压力。除有色金属管道外，吹洗时应不断用锤敲打管子（对不锈钢管道应用木锤），对焊缝、死角和管底等部位应重点敲打，但注意不得损伤管子。

对未能吹洗或吹洗后可能留存脏污、杂物的管道，还需用其他方法补充清洗。管道吹洗合格后，除规定的检查及恢复工作外，不得再进行任何影响管内清洁的作业。管道系统最终封闭前应进行检查，并填写相应记录。

3.2.3 系统气密

系统气密的目的是对系统密封点进行压力和泄漏试验，检查各焊口、法兰、阀门的密封情况以及仪表情况，尽可能发现系统中存在的问题，同时使操作人员进一步熟悉现场流程。

对反应系统，由于装置建成后系统内存在空气，在开工前必须用氮气赶尽系统中的空气，以避免氢气与空气形成爆炸性混合气体，保证开工安全。预处理系统与分馏系统的气密试验可使用蒸汽。对置换用氮气，要求纯度大于99.3%，氧含量小于0.3%，置换合格标准为系统内氧含量小于0.3%。氮气置换时应联系仪表工对仪表引压线加以置换。

系统气密试验开始前需逐项确认：

① 施工完成且检查质量合格，设备、管线已进行过全面检查且整改问题全部处理完毕。

② 各反应器、换热器、高压分离器封头盖与管线上各法兰、孔板等均已就位，各安全阀均已投用。

③ 压缩机单机试运已经完成。

④ 气密流程已改好并已经过三级检查。

⑤ 气密流程应与低压系统绝对隔离，与低压系统之间所有连接阀门均已关闭，所有盲板安装无误。

⑥ 低压系统留有排放口，以防止阀门内漏窜压造成事故。

⑦ 装置中所有压力表安装经检查规格全部正确，负压表已更换为压力表。

⑧ 氮气供应符合要求。

⑨ 肥皂水、小桶、洗耳球、喷壶、标准压力表等气密工具均已备好。

气密过程中仪表、检修部门应配合检查，以随时处理发现的问题。同时，仪表人员还应同步完成系统所属仪表管线及控制阀的气密。

在气密中主要应检查的气密点包括所有法兰、焊缝、阀门、放空、采样器、压力表、液面计以及仪表引压线、热电偶连接线，尤其对水冲洗拆卸过的部位应重点检查。气密试验中应对装置内的每条管线进行逐条贯通。对冷换设备，一程试压时另一程必须打开放空，以免憋漏管束胀口或封头法兰。气密过程中系统每小时升温应在20～23℃之间，每小时升压应在1.0～2.0MPa之间。气密性试验的压力应为正常操作压力的1.1～1.2倍，以确保开工过程中装置无泄漏现象。对低温部位可用肥皂水试漏，对高温部位用纸带试漏。气密检查工作应做到定人定点，发现漏点后及时做好标记并通知保运人员进行处理，直至气密合格。在氮气气密操作时，应兼顾压缩机的运行状况。

气密结束后放空应缓慢，对蒸汽系统还应注意防止负压，注意打开塔顶放空阀及塔底排凝阀。

3.2.4 联动试车

当前面的各项工作全部完成后，各单体设备、工艺管线、仪表及控制系统均已具备了投入生产的条件，但整套装置的完整性与可靠性尚需经过联动试车来进一步确认。

在联动试车开始前，应当确认所有施工内容均已按图施工完毕，确认作为施工界面以及对管道、设备进行试验用的盲板已全部抽除，公用系统供应正常，各种操作中必需的安全措施已全部落实。

联动试车应按以下原则进行：

① 将各生产单元内的工艺系统进行划分归类。

② 对可以构成循环的工艺系统，应尽可能地将生产所需的设备、管道、仪表投用。

③ 对不能构成循环的工艺系统，可采取临时措施使其构成循环。

④ 受条件限制确实不能构成循环的工艺系统，可通过设置适当的排放点与补充量使联动试车的时间尽可能延长，以便发现并处理问题。

在联动试车过程中，主要应检查各管线（包括阀门、盲板等管件）有无“跑、冒、滴、漏”现象，各设备运行是否稳定，工作状况是否符合工艺设计要求。在联动试车期间，对发现的问题应及时处理，迅速解决。处理完毕后继续运转直至无故障连续运行48h以上方可结束。当联动试车工作完成后，将各临时管路与设施拆除，将正式管道恢复，相关各工艺介质经分析检验合格后，将水介质替换为工艺介质，各工艺单元即可进入正式生产阶段。

第4章　工艺流程与设备

粗苯加氢精制以粗苯为原料，通过加氢工序和萃取精馏工序生产纯苯、甲苯、二甲苯、重苯和非芳烃等精制产品，BTXS（苯、甲苯、二甲苯和C_8、C_9的混合物）馏分为生产过程的中间产物。

4.1　制氢工艺

工业上制造氢气的方法有很多种。目前，最成熟的工业大规模制氢方法是电解水制氢、烃类或甲醇裂解制氢和PSA制氢工艺。

4.1.1　电解水制氢工艺

电解水制氢工艺简单：由浸没在电解液（一般用KOH溶液）中的一对电极，中间隔以防止气体渗漏的隔膜而构成电解池，通以一定电压的直流电流，在阴极上析出氢气，在阳极上析出氧气，通过管道分别收集在氢气贮柜和氧气贮柜中。由于电解要克服水的分解电压、氢氧的超电位电压、电阻电压降（导线、电解液发热）等，电流效率下降。所以，每制取$1m^3$氢气，实际消耗电能5～7kW·h。由于隔膜穿漏和溶解于电解液中的氢、氧在电解液循环时夹带等原因，氢气的纯度在99.5%～99.8%之间，含氧量较高，对部分用户存在局限性。

4.1.2　甲醇裂解-变压吸附制高纯度氢气技术

4.1.2.1　甲醇裂解制氢原理

摩尔比为1∶1的甲醇和软化水（水稍过量）混合，加热汽化后进入裂解反应器。在催化剂的作用下，发生裂解反应，裂解反应为吸热反应，其热量由导热油炉中300～320℃的导热油提供。裂解反应和变换反应同时进行。因而有效地利用了反应热，并消除了放热反应可能带来的热量失控问题。

4.1.2.2　甲醇裂解工艺流程

自甲醇罐来的原料甲醇经过计量泵送至原料甲醇缓冲罐，在缓冲罐中，甲醇与同样经过计量泵送入系统的脱盐水按一定比例混合，然后再经进料泵加压至2.0MPa，进入换热器与反应产物换热升温，升温后的甲醇/水溶液再进入汽化过热器，用高温导热油加热汽化并过热，甲醇/水蒸气进入列管反应器，在催化剂的作用下，进行裂解和变换，生成二氧化碳和氢气。从反应器出来的 CO_2 和 H_2 的混合气在与甲醇/水原料液换热冷却后，再进一步冷却至室温，然后经过气液分离罐分离回收冷凝下来的甲醇/水，然后进入水洗塔洗掉转化气中夹带的未反应的甲醇，使混合气进一步净化。此时混合气组成为：H_2 73%～74%，CO_2 23%～24%，CO<2%，CH_3OH≤0.01%。净化后的混合气再将残留的水分分离掉，然后送至变压吸附提纯工段。

4.1.2.3　变压吸附工艺流程

根据煤化工行业的特点，最直接的氢源是焦炉煤气，通过 PSA 变压吸附提供纯净的氢气。但目前大多数焦化企业都有配套的焦炉煤气制甲醇装置，在满足了所需的碳氢比后，多余的氢气供给变压吸附。变压吸附技术的研究与开发围绕着如何提高吸附剂的性能和吸附床死空间（除吸附剂外的空间）气体的回收利用两大课题开展。目前工艺上采用多床变压吸附工艺。它的主要实施方法是，根据吸附的状态特性将吸附操作在转效点之前一段相当长的时间结束。这样吸附床出口端就有一部分吸附剂尚未利用，然后将该吸附床与一个已完成解吸并等待升压的吸附床连通，两床压力平衡（称为均压），这样既回收了吸附床死空间中的有用组分又利用了其中的能量。一般来说，均压次数增加，产品回收率上升，但吸附床数也要增多。多床变压吸附工艺中应用最广的是四床流程。除了四床流程外，工业上已开发出了 5～12 床等多种多床工艺，可根据具体情况实现 1～6 次均压回收过程。一般而言，原料气量越大，原料气压力越高，产品回收率要求越高，则流程的吸附床越多，均压次数越多。下面以西南化工研究设计院为我们设计的以甲醇驰放气为原料，产品氢生产能力为 $600m^3/h$，采用 5 塔吸附制氢工艺来对 PSA 生产简单加以论述。

变压吸附装置采用 5-1-3/P 工艺，即 5 台吸附器，1 塔进料，3 次均压。甲醇驰放气在压力 0～5.42MPa，温度 40℃下减压至 2.7MPa 后进入本装置。进装置的原料气首先进入气液分离器除掉原料气中可能夹带的机械水或液态甲醇后进入变压吸附塔。原料气自下而上通过吸附器，除氢以外的杂质组分被吸附剂吸附，在吸附塔出口端获得纯度≥99.9%的产品氢气。在变压吸附系统中任一时刻总有 1 台吸附器处于吸附的不同阶段，每台吸附器依次经历吸附（A）、第一级压力均衡降（E1D）、第二级压力均衡降（E2D）、顺放（PP）、第三级压力均衡降（E3D）、逆放（D）、冲洗（P）、第三级压力均衡升（E3R）、第二级压力均衡升（E2R）、第一级压力均衡升（E1R）和最终升压（FR）等步骤。在吸附器出口端获得的产品氢气经罐稳压和计量后输出界区。

其中，压力均衡的作用是回收吸附塔中解吸出的氢气，并均衡系统压力。逆放步骤用于排出吸附剂上所吸附的杂质组分，使吸附剂获得充分的解吸后进入下一循环。

变压吸附所得解吸气输送到加热炉作为燃料燃烧。变压吸附流程图见图 4-1。

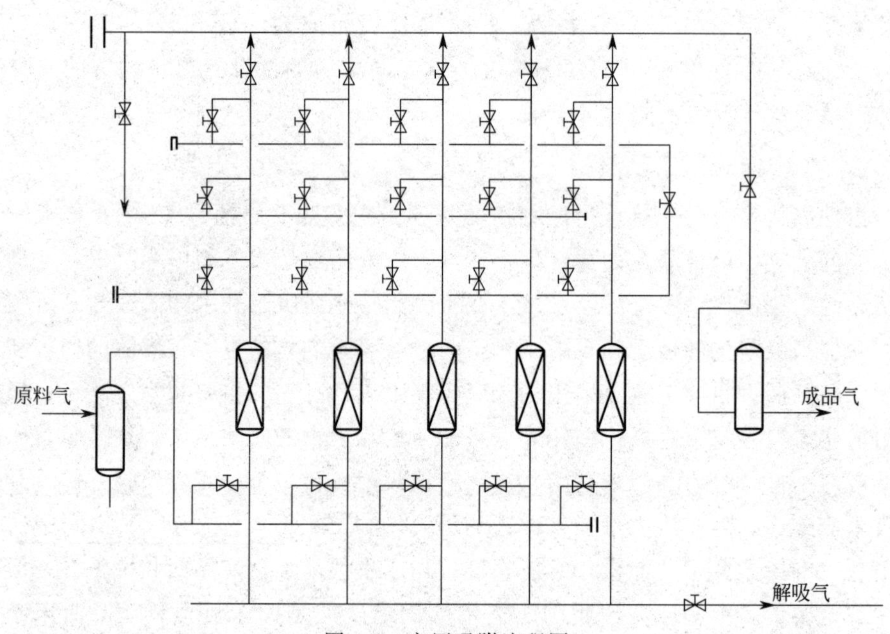

图 4-1　变压吸附流程图

① 吸附工序　在常温、高压下吸附杂质，分离出产品氢气。原料气经程控阀自底部进入正处于吸附状态的 1 台吸附塔，在多种吸附剂的选择吸附下，其中除氢气以外的 N_2、CH_4、CO、CO_2、H_2O 等杂质被依次吸附下来，得到的纯度为 99.9%的纯氢从塔顶排出，经程控阀和吸附压力调节阀送出界区。

② 减压工序　通过多次均压降压过程，将床层死空间中的氢气回收。在吸附过程完成后，顺着吸附方向将塔内较高压力气体依次放入其他已完成再生的较低压力的吸附塔，同时也回收了吸附床层死空间的氢气，共有三次连续均压降压过程（E1D、E2D、E3D）。

③ 顺放工序　通过顺向减压过程获得冲洗再生气源。吸附塔在 E2D 结束后，顺着吸附方向减压，减压出来的氢气用作其他吸附塔的冲洗再生气源。

④ 逆放工序　逆着吸附方向减压使吸附剂获得部分再生。吸附塔在完成 E3D 过程后，逆着吸附方向将塔内压力降至最低 0.08MPa，此时被吸附的杂质开始从吸附剂中解吸出来，并经程控阀和调节阀送出界外。

⑤ 冲洗工序　用其他塔顺放出的氢气冲洗吸附床，降低杂质分压，使吸附剂完成最终的再生，冲洗时间越长越好。在这一过程中，逆着吸附方向用顺放气冲洗床层，使吸附剂中的杂质得到完全解吸。逆放解吸气和冲洗解吸气经调节阀送往低压燃气系统。

⑥ 升压工序　通过一次或多次均压升压和产品气升压过程使吸附塔压力升至吸附压力，为下一次吸附做好准备。该过程与降压过程相对应。在这一过程中，分别利用其他吸附塔的均压降压气体依次从吸附塔顶部对吸附塔进行升压。共包括三次连续均压升压过程，依次为 E3R、E2R、E1R。各次均压升压通过程控阀进行控制。

经过三次均压升压后，吸附塔压力已接近吸附压力，最后用产品氢经程控阀自塔顶将吸附塔升至吸附压力。至此，便完成了一个再生过程，为下一次吸附做好了准备。

4.1.2.4 吸附塔的切除和恢复

(1) 吸附塔的切除

由于 PSA 氢提纯装置是由 5 台吸附塔组成，因而为提高装置的可靠性，PSA 装置还编制了一套自动切塔与恢复程序。即当某一台吸附塔出现故障时，可将其脱出工作线，让剩余的 4 台吸附塔转入工作，装置处理气量和产氢量等指标基本不发生变化。

当某吸附塔的压力异常、程控阀检出错同时出现时，就认为此塔故障，应予以切除。此时 DCS 将提示操作人员。

操作人员确认故障属实后，直接在 DCS 上选中故障塔的切除键，然后确认，则程序将自动关断该塔的所有程控阀，将故障塔切出工作线。此时被切除塔处于接近于常压的状态，可较方便地进行检修。DCS 自动将程序切入 4 塔流程相对应的点，保证切除时各吸附塔压力无大的波动。程序自动开始运行切塔后的 4 塔程序，并建立起正常的运行条件。为保证切塔时产品氢纯度不变，在切塔后的第一个循环内程序将自动缩短吸附时间。

PSA 装置的绝大多数故障出现在控制系统和调节装置上，因而通常切塔后的检修无需拆工艺管线和设备。但被切除塔在检修时，如需要拆开连接的工艺管道或设备，则必须先将塔内气体排入火炬系统并进行置换。将两侧的吸附塔用截止阀和盲板隔离后才能维修。

(2) 吸附塔的恢复

当被切除塔故障排除后，需要将其重新投入正常运行，但如果投入的时机、状态不对，将引起较大的压力波动和产品纯度变化，甚至可能出现故障和安全事故。为此，PSA 装置设计的自动恢复软件能够自动找出最佳状态恢复，使系统波动最小。操作人员发出塔恢复指令：在 DCS 上直接点击要恢复塔的恢复键，然后确认。计算机自动等待合适的时间将故障塔恢复至运行程序。程序将根据各塔的压力状态，自动确定恢复后应进入的最佳运行步序，然后自动等待到该步序的最佳切入时机，切入新程序。

注意：新恢复的塔总是从解吸阶段切入的，这样可保证恢复后的产品纯度不变。

4.1.3 PSA 制氢工艺

影响 PSA 操作的主要工艺参数有进料气体的压力、排气压力、进料气体的组成、氢气纯度、进料气体的流量、吸附时间等。

由于吸附塔的大小和装填的吸附剂量是固定的，因而在原料气组成和吸附压力一定的情况下，吸附塔每一次所能吸附的杂质总量就是一定的。所以随着吸附过程的进行，杂质就会慢慢穿透吸附床，起初是痕量，渐渐就会超过允许值，这时就必须切换至其他塔吸附。因而，当原料气的流量发生变化时，杂质的穿透时间也就会随之变化，吸附时间参数就应随之进行调整。流量越大则吸附时间就应越短，流量越小则吸附时间就应越长。这样才能保证在各种操作负荷下均能充分地利用吸附剂的吸附能力，在保证产品纯度的情况下获得最高的氢气回收率。

吸附压力决定于所需产品的压力。多床 PSA 吸附压力低，各过程难以连续。吸附压力过高，氢回收率不再提高，而投资增加，所以吸附压力一般在 1.2～3.0MPa。

排气压力对收率影响较大，降低排气压力可提高收率。一般进料气体压力和排气压力之比最小为 4∶1。

杂质含量高，吸附热大，收率就降低。一般认为，进料气中 H_2 含量至少应在 30%以上，否则在经济上将不合理。

产品氢气纯度越高时，投资增加得越多。因为纯度愈高，所需的吸附剂量愈大，氢回收率也愈低。

吸附时间参数是变压吸附的最主要参数，其设定值将直接决定装置产品氢的纯度和氢气回收率。因而，PSA 装置的吸附时间参数应尽量准确，以保证产品纯度合格，且氢气回收率最高。变压吸附装置开停车方便、灵活，操作简单，可实现无人操作。变压吸附装置产品纯度高，杂质含量低，产品质量完全可满足后续加氢工艺要求。变压吸附工艺简单、运行平稳可靠，产品收率高，节省投资及占地。终充调节采用压力控制。原料负荷变化后，吸附时间的变化会自动改变终充调节阀的设定值，使终充调节阀在新的原料负荷下自动调整，终充到位，可保证装置在负荷变化时仍能稳定运行。逆放过程随原料负荷变化自动调整，可保证尾气系统稳定。采用程控阀阀检与压力信号判断程控阀故障，可准确判断阀门故障情况，如仪表元件故障、程控阀内漏及执行机构故障等，减少误操作。采用高效专用吸附剂，可有效脱除原料气中的烃类及甲醇组分，且能够在冲洗再生工艺下彻底解吸，保证吸附剂长周期安全稳定运行，减少了装置吸附剂用量，节省了投资并提高了氢气回收率。

4.2　加氢工艺

4.2.1　原料预分离

加氢精制部分设置脱重组分塔，粗苯由原料贮罐经原料过滤器、主反应产物/脱重组分塔进料换热器换热到 77℃进入脱重组分塔，该塔为减压操作（塔顶压力－0.05MPa），粗苯原料在塔中进行轻重组分预分离，塔顶气体（72℃）经塔顶冷凝器冷却到 43℃后进入脱重组分塔塔顶回流罐，不凝气和漏入系统的空气经减压抽空系统排放至火炬系统，冷凝后的液体经脱重组分塔塔塔顶泵一部分送至脱重组分塔塔顶回流，一部分送入加氢进料缓冲罐，该罐采用氮气气封，罐中液体经加氢进料泵送入轻苯预热器、轻苯蒸发器。塔底重苯（176℃）经脱重组分塔塔底泵送至脱重组分塔塔底冷却器冷却（90℃）后送往罐区。

脱重组分塔塔底设置脱重组分塔塔底重沸器和强制循环的脱重组分塔塔底循环泵，热源采用 2.2MPa(G) 饱和蒸汽，蒸汽凝液经脱重组分塔蒸汽凝液罐集中排放至装置内公用工程单元的蒸汽凝液收集罐。

脱重组分塔共设 50 块浮阀塔板。塔顶压力通过真空泵出口补气量进行调节。50 层塔板通过控制加热蒸汽量来调节。塔釜液位通过重苯采出量控制，塔顶回流量定流量控制。为避免结焦，降低塔操作温度，塔顶采用真空机组抽负压，同时在原料入塔前加入阻聚剂，粗苯原料在此脱除 C_9 以上组分，塔底重苯进入重苯产品罐；轻苯经三级蒸发器逐步加热到 190℃后与循环氢混合一起进入预反应器。

4.2.2　化学反应部分

反应原料在轻苯预热器、轻苯蒸发器中与主反应产物进行换热（175℃）后汽化，并在轻苯蒸发器混合器中与压缩机来的循环氢气进行混合，经三级蒸发后，送入蒸发塔，进一步汽化，蒸发塔重沸器热源采用 2.2MPa（G）饱和蒸汽，蒸汽凝液经蒸发塔塔底蒸汽凝液罐集中排放至装置内公用工程单元的蒸汽凝液收集罐。蒸发塔气相经主反应产物/预反应进料换热器与主反应产物换热至反应温度（初期 190℃、末期 208℃）进入预反应器底部，通过催化剂床层逆流向上，双烯烃、苯乙烯、二硫化碳等在催化剂的作用下进行加氢脱除和饱和，由于该反应属放热反应，进入预反应器的预反应物料的温度可通过主反应产物与预反应物料换热的量来控制。在预反应器内进行如下反应：

二烯烃等不饱和物的加成转化反应：

$$C_nH_{2n-2}+H_2 \xrightarrow{\text{Ni-Mo}} C_nH_{2n}$$

$$C_6H_5C_2H_2+H_2 \xrightarrow{\text{Ni-Mo}} C_6H_5C_2H_4$$

含硫化合物的加氢脱硫反应：

$$CS_2+4H_2 \xrightarrow{\text{Ni-Mo}} CH_4+2H_2S$$

预反应后的预反应产物经主反应产物/预反应产物换热器、主反应器进料加热炉升温至主反应温度（初期 280℃、末期 341℃）后进入主反应器顶部。物料气体通过催化剂床层流下，在此进行脱硫、脱氮和烯烃加氢反应，反应属放热反应。

在主反应器进行如下反应：

烯烃的加氢反应：

$$C_nH_{2n}+H_2 \xrightarrow{\text{Co-Mo}} C_nH_{2n+2}$$

加氢脱硫反应：

$$C_4H_4S+4H_2 \xrightarrow{\text{Co-Mo}} C_4H_{10}+H_2S$$

加氢脱氮反应：

$$C_5H_5N+5H_2 \xrightarrow{\text{Co-Mo}} C_5H_{12}+NH_3$$

加氢脱氧反应：

$$C_6H_6O+H_2 \xrightarrow{\text{Co-Mo}} C_6H_6+H_2O$$

副反应、芳香烃氢化反应：

$$C_6H_6+3H_2 \xrightarrow{\text{Co-Mo}} C_6H_{12}$$

两台反应器内的催化剂在操作周期内会因结焦等因素而失去活性，可使用蒸汽为载体和空气一起进行烧焦的方式再生，使其恢复活性。

主反应产物经一系列换热后，再经反应产物冷却器换热到 40℃后进入高压分离器进行三相闪蒸分离。

由于反应产物在冷却过程中会有 NH_4Cl、NH_4HS 等盐类物质析出，故在轻苯预热器和轻苯蒸发器每台壳程入口管道处均设有注脱盐水系统，根据生产过程具体情况注射脱盐水以防止铵盐结晶沉积。

高压分离器的气相产物（高分气）经主反应产物与循环气换热器换热到62℃后进入循环气分液罐，高分气换热的主要目的是避免循环氢中酸性气及烃类物质冷凝，确保压缩机不带液。

装置加氢反应所需新氢由甲醇驰放气 PSA 制氢装置送入循环气分液罐与循环氢一起，经循环氢压缩机压缩后，经混合器与反应进料充分混合。

高压分离器的油相经过稳定塔进料进料/稳定塔底油换热器换热，升温至127℃后稳定塔，高压分离器的水相排入含硫污水系统。

4.2.3 稳定部分

高压分离器的液相经减压后经稳定塔进料/稳定塔塔底油换热器换热，进入稳定塔，稳定塔塔顶气体（83℃）经稳定塔塔顶冷凝器冷凝至 62℃之后进入稳定塔塔顶回流罐，气体经稳定塔塔顶冷却器进一步冷却至 40℃，分离一部分冷凝的碳氢化合物后，稳定塔塔顶气体（0.4MPa，40℃）送至煤气净化车间初冷器前的煤气系统，回流罐中的液体经稳定塔塔顶回流泵升压后回流至稳定塔顶部，水包中积累的部分含硫污水与高压分离器的含硫污水一起排至焦化厂污水处理系统。

稳定塔塔底 BTXS 馏分（164℃）经稳定塔进料/稳定塔塔底油换热器和稳定塔塔底油冷却器冷却（43℃）后送到萃取精馏单元。稳定塔塔底重沸器热源采用 2.2MPa 饱和蒸汽，蒸汽凝液经稳定塔塔底蒸汽凝液罐集中排放至装置内蒸汽凝液闪蒸罐。

稳定塔共设 30 块浮阀塔板。塔顶压力通过酸性气体量进行调节，塔灵敏板温度通过控制加热蒸汽量来调节，塔釜液位通过塔釜采出量控制。

图 4-2 为粗苯加氢精制加氢部分的工艺流程。

4.2.4 催化剂的装填

加氢催化剂的装填质量在发挥催化剂性能、提高装置处理量、确保加氢油质量合格、保证操作安全平稳、延长装置操作周期等方面具有重要作用。催化剂的装填应严格按照催化剂供应商提供的装填方案进行，一般多采取可形成床层孔隙率逐步变化的分级装填法。

4.2.4.1 准备工作

① 备好吊车、铲车。

② 备好一配有吊耳、吊绳的大吊装漏斗架于反应器顶，并在其下安装一条长度可通到反应器底部的软管或布袋（应保证留有足够空间进出反应器）。备好一尺寸合适且长度可变的装料围桶。

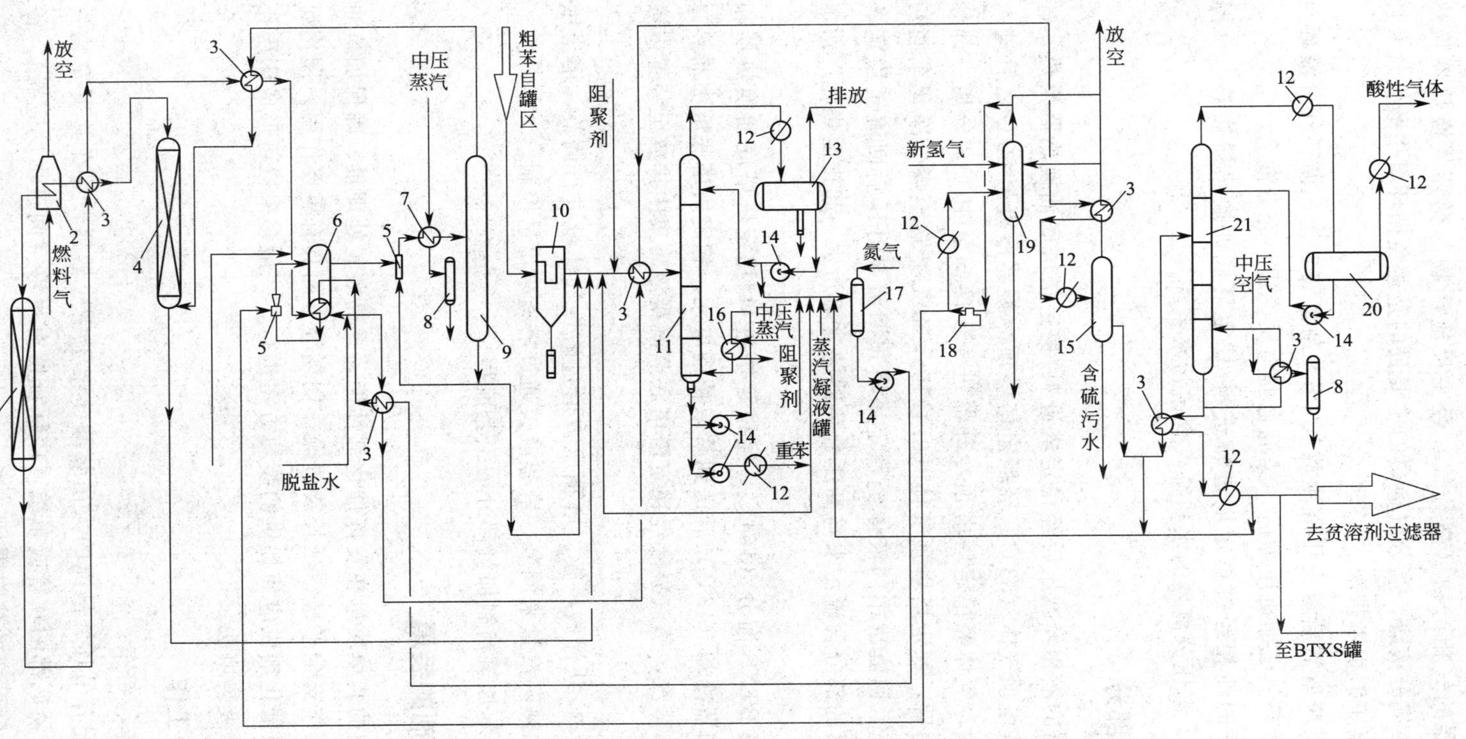

图 4-2 粗苯加氢精制加氢部分的工艺流程

1—主加氢反应器；2—主反应进料加热炉；3—换热器；4—预加氢反应器；5—混合器；6—轻苯蒸发器；7—蒸发塔重沸器；8—蒸汽凝液罐；9—蒸发塔；10—原料过滤器；11—脱重组分塔；12—冷却器；13—脱重组分塔塔顶回流罐；14—泵；15—高压分离器；16—脱重组分塔塔底重沸器；17—加氢进料缓冲罐；18—循环氢压缩机；19—循环气分液罐；20—稳定塔回流罐；21—稳定塔

③ 反应器内安装好防爆灯、软梯、塔内踏板，找平催化剂架板。

④ 备好对讲机、软尺、标记石笔、测氧仪。备好钳子等工具连接丝网用，备好运料时的防雨用品。

⑤ 将反应器进、出口管道与系统断开。拆除反应器内热电偶套管。封好反应器侧部人孔，以防泄漏。

4.2.4.2　催化剂装填步骤

① 安装好进料口及液体出口收集器。

② 反应器下部出料收集器上安装好金属丝网并用不锈钢丝紧固。

③ 按顺序装填瓷球（反应器下部以后可能因结焦产生非流经区，因此不应使用催化剂）。

④ 装填催化剂。每桶催化剂都应先称重，然后立即装入反应器中，并将空桶称重。装填桶数、每桶总重、桶重、装填情况均应详细记录。装填时应尽可能快，若中间必须停顿，则应盖上装料斗及上部人孔，并在反应器底部通仪表空气保持稳定的微正压。注意装填到套管位置后应重新安装热电偶套管。装填前应确认设备下部出料收集器上的丝网已安装固定好，装填时不可使其移动。瓷球、催化剂、石英砂以及白土装填时注意应保持水平均匀，不可直接向下倾倒成堆状。瓷球与瓷球、瓷球与催化剂、瓷球与石英砂、石英砂与石英砂、石英砂与白土之间的界面更应装填平整。

⑤ 安装顶部丝网。

⑥ 装填瓷球。

⑦ 安装顶部封头及进料口。

4.2.4.3　催化剂的干燥

催化剂干燥的目的在于脱除催化剂吸附的水分，确保催化剂在使用过程中具有良好的活性和机械强度。由于催化剂在贮运与装填的过程中会吸附一定的水分，若湿催化剂和原料一起升温，容易造成催化剂破碎增加床层压降。催化剂的干燥对于提高催化剂活性，避免催化剂破碎是十分重要的。

干燥过程中使用氮气作为干燥介质，氮气气密合格后置换反应系统，氧含量小于 0.5%后调整系统压力至压缩机最低操作压力（压力越低越利于催化剂的脱水），开启循环压缩机，建立反应系统氮气循环，并进行机体气密。循环压缩机运转正常后按加热炉操作规程点火，逐渐提高反应器的入口温度，至规定温度后恒温 8h 干燥脱水。通过观察高压分离器的界面上升速度计算催化剂的脱水量。当每小时的脱水量少于催化剂质量的 0.1%时，继续提高反应器入口温度到规定值，恒温 8h 后当每小时的脱水量少于催化剂质量的0.1%时，催化剂的干燥即可结束。

4.2.4.4 催化剂的硫化

由于生产及安全的需要，催化剂在出厂时是呈氧化态的，催化剂在使用前要先进行预硫化，将氧化态的催化剂转化为稳定的硫化态，以提高催化剂的活性与稳定性，延长催化剂寿命。一般催化剂的预硫化都是在反应器内进行，硫化剂可以采用 CS_2 或 DMDS（二甲基二硫化物），炼厂也可采用自产的硫化氢。

(1) 准备工作

① 反应系统催化剂干燥、氢气最终气密、紧急泄压和急冷氢试验全部结束。

② 预硫化剂及有关物品准备齐全，注硫化剂系统正常。

③ 通知化验等相关部门，做好催化剂预硫化的配合工作。

④ 必要时可将部分工艺联锁软切除。

(2) 注意事项

在催化剂预硫化期间，应加强现场检查，发现漏点及时汇报并处理。所有现场操作、采样、施工人员及仪表、电气、化验等相关部门人员都应注意防范硫化氢中毒。在夏天还应注意防止因 CS_2 汽化造成管线或设备超压。

催化剂预硫化期间，由于催化剂具有一定活性，遇紧急事故时若温度控制不当可能发生“飞温”。另外，在较高温度以及预硫化初期系统中硫化氢量较少时，催化剂上的氧化态金属组分易被氢气还原为金属，造成催化剂失活。因此在催化剂的预硫化过程中必须严格遵守相关的温度规定，并时刻密切注意催化剂床层温度，防止发生“飞温”。

正常情况下硫化剂注入后会从反应器顶部产生温升，若无温升应先提温，温升产生并已贯通反应器后应注意防止因硫化氢积聚而产生“飞温”。一旦温升超标应立即停止升温或降低反应器入口温度，必要时可减少或停止硫化剂注入，直至使用冷氢，情况危急时应熄灭加热炉，将系统泄压。注意在升温过程中应保证硫化剂注入量不变，不得在升温同时增大硫化剂注入量。

催化剂的预硫化结束后，即可认为反应系统具备进料条件。

4.2.5 加氢主要设备介绍

4.2.5.1 预反应器和主反应器

预反应器和主反应器是加氢精制的最主要设备，由于反应条件极其苛刻，制造难度较大。其物理结构见图4-3。

主反应器主要介质为轻苯、H_2、H_2S，工作温度为370℃，设计温度为400℃，工作压力为3.0MPa，设计压力为4.0MPa。主要材质为15CrMoR＋

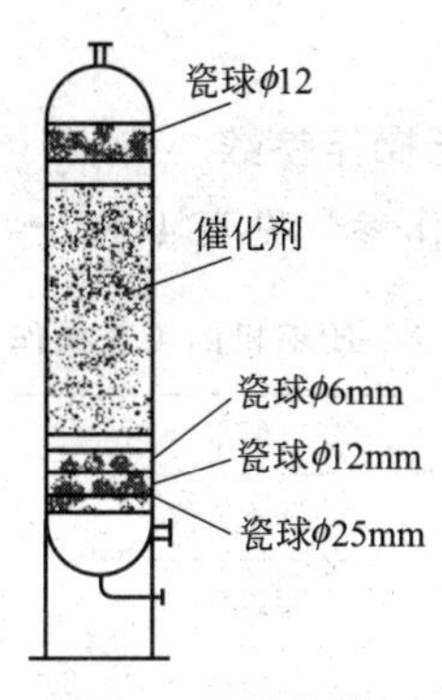

图 4-3　反应器

18Ni10Ti 复合板，为三类压力容器。内部填充催化剂金属成分为 Co-Mo 型。主反应器上部为入口，经过直径为 ϕ12mm 的瓷球进入 Co-Mo 高度为 10.7m，直径为 ϕ1700mm 的催化剂层，下部分别为 ϕ6mm、ϕ12mm、ϕ25mm 的瓷球。反应气体从下部出来。全容积为 28.1m^3。

预反应器主要介质为轻苯、H_2、H_2S，工作温度为 240℃，设计温度为 260℃，工作压力为 3.3MPa，设计压力为 4.0MPa。主要材质为 15CrMoR，为三类压力容器。内部填充催化剂金属成分为 Ni-Mo 型。预反应器下部为入口，依次经过直径为 ϕ25mm、ϕ12mm、ϕ6mm 的瓷球进入催化剂床层，最后经 ϕ12mm 的瓷球从上部出来。Ni-Mo 催化剂填充高度为 4.8m，直径为 ϕ1700mm。反应器全容积为 18.1m^3。催化剂的物理参数见表 4-1。

表 4-1　催化剂的物理参数

项目	预反应器	主反应器
型号	M8-21s	M8-12s
形态	挤压物	挤压物
粒径/mm	3.0	3.0
堆密度/(kg/cm^3)	660	660
比表面积/(m^2/g)	240	230
孔体积/(mL/g)	0.53	0.55
高温损失(600℃)	<2%	<2%
金属组成	NiMo	CoMo
使用温度/℃	190～240	280～370
初次装填量/m^3	10.89	24.29
初次装填量(以 0.66t/m^3 计)/t	7.1874	16.0314

4.2.5.2　循环氢气压缩机

(1) 循环氢气压缩机的工艺操作参数

循环氢气压缩机的工艺操作参数见表 4-2。

表 4-2　压缩机的工艺操作参数

工况	正常	硫化工况
介质	循环氢气	循环氢气
流量(标准态)/(m^3/h)	12000	12000
质量流量/(kg/h)	1918	1071
进气压力/MPa(G)	2.4	2.4
排气压力/MPa(G)	3.6	3.6
进气温度/℃	62	62
分子量/℃	3.58	2.03
气量调节要求①	0%,25%,50%,75%,100%	

①排气量调节方式为出口回流，回流量按总量的 0%～40%控制。

(2) 循环氢气压缩机压缩气体介质组成

循环氢气压缩机压缩气体介质组成见表 4-3

表 4-3　压缩机气体介质组成

气体名称	分子式	循环氢正常工况/%	循环氢硫化工况①/%
氢气	H_2	94.49	99.9
甲烷	CH_4	3.53	0.1
硫化氢	H_2S	0.19	
正丁烷	C_4H_{10}	0.18	
噻吩	C_4H_4S	0.06	
戊烷/环戊烷	C_5H_{12}/C_5H_{10}	0.02/0.08	
苯	C_6H_6	1.03	
甲苯	$C_6H_5CH_3$	0.06	
环己烷	C_6H_{12}	0.08	
水	H_2O	0.28	
合计		100	100

①上述硫化工况为硫化初期条件，硫化期间 CH_4 浓度最大为 12%，末期硫化氢浓度约增加为 2%(体积分数)，气体分子量增加，氢浓度下降，选材时请加以考虑。

(3) 压缩机机械构成

循环氢压缩机采用立式压缩机，单级压缩；均由异步电机直接驱动。气缸进、排气口按上进、下出布置。每个气缸均配置进出口缓冲器，缓冲器与气缸直接连接，气缸为双作用。压缩机的隔距件（中体）一般应采用长短型双室隔距件。填料函应用油或循环水冷却。冷却水进口应有一个过滤精度为 125μm 或更高的过滤器。出口管线有温度计及流量视镜。气缸气阀采用 Hoerbiger 气阀。气缸和填料函为无油润滑操作。所有刮油器、中间密封和气缸压力填料均为带不锈钢卡紧弹簧的剖分环填料。气缸压力填料函及中间密封均设置充气系统以阻止原料气外漏。气缸压力填料的漏气设有漏气收集接管及集液罐。漏气从填料下部引出，接至集液罐后去放空罐。填料函漏气收集罐设有玻璃液位计。

润滑油系统：主润滑油泵由曲轴驱动，备用润滑油泵由电机单独驱动，压缩机机身润滑系统采用压力润滑，包括：

① 一台主油泵，外装式齿轮泵，曲轴驱动。

② 配备一台电动机独立驱动的、全流量、全压力的辅助油泵，齿轮泵。当油压低时，辅助油泵应能自动启动。机组停车过程中，该辅助油泵还可提供足够的润滑。

③ 每台泵的出口各设独立的外置式安全阀，安全阀泄放的油各自独立地流回油箱。

④ 油冷却器保持供油温度不大于 55℃。带切换阀的双联水冷管壳式油冷却器，水走管程，压力损失不大于 0.07MPa。冷却器油侧工作压力应高于水侧工作压力。

⑤ 设有双联油过滤器，过滤精度 25μm。该过滤器带整体安装的或分体安装的连续切换阀。油系统在正常运行期间，应能更换滤芯，并保持油压稳定。双联过滤器设有小旁路管线（旁路上设有孔板及阀门）。在操作温度为 40℃ 和正常流量下，清洁的滤芯的压力降应不大于 0.03MPa。滤筒的失效压力至少为 0.5MPa。

⑥ 油箱内装设带不锈钢外套的隔爆型恒温控制浸入式电加热器。

在每个气缸的进、出口处均应设气体缓冲罐。为了防潮，电动机配备空间加热器。

PLC 控制柜能独立地完成氢压机组运行参数的检测、控制、报警和自身的安全联锁，且应具备 profibusDP 接口及相应的通信软件，实现与中控室 DCS 系统的通信。检测和控制项目见表 4-4。

表 4-4 压缩机控制和检测项目

检测项目	报警	联锁停机	备注
进气过滤器压差	(H)		
各级进气压力	(L)		
各级排气压力	(H)		
润滑油供油总管压力	(L)	(LL)	低报警,自动启动辅助油泵
润滑油过滤器压差	(H)		
循环水总管供水压力			
气缸冷却水供水压力			
各级进气温度(每缸)			
各级排气温度(每缸)	(H)	(HH)	
压缩机轴承温度	(H)	(HH)	每个轴承
电动机轴承温度	(H)		各 1 点(双支)
电动机定子温度	(HH)	(H)	每相 2 点(双支)
润滑油箱油温度			
润滑油冷却后油温度	(H)	(HH)	
气体冷却器回水温度			
气缸冷却水回水温度			
填料冷却水回水温度			
润滑油冷却器回水温度			
冷却水总管温度			
润滑油箱液位	(L)	(LL)	
进出气分液罐	(H)		
机身振动	(H)	(HH)	

4.2.5.3 高速泵

轻苯进料泵采用美国胜达因 LMV-311API 流程泵（见图 4-4），该泵为单级离心泵，零泄漏。与电机连接处有一个变速箱，根据流量及扬程的要求来输出相应的转速，出口压力达 4.15MPa（G），其性能曲线见图 4-5。

工艺操作条件如下：

① 原料质量分数　苯 78.64%，甲苯 14.38%，二甲苯 3.19%，苯乙烯 0.94%，环戊二烯 1.06%。

图 4-4　高速泵外形图

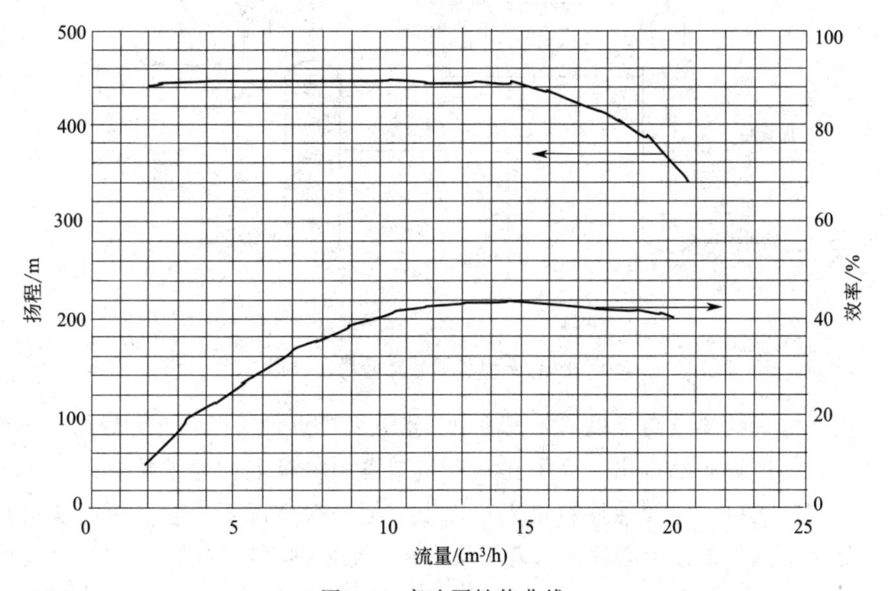

图 4-5　高速泵性能曲线

② 操作参数

a. 额定流量：正常 13.54m^3/h；最大 16.2m^3/h；最小 8.1m^3/h。

b. 相对密度：0.86。

c. 操作温度：40℃。

d. 扬程：459m。

e. 入口压力：0.2MPa（G）（最大）。

f. 出口压力：4.15 MPa（G）。

g. 输入转速：2960r/min。

h. 输出转速：12300r/min。

i. 配套电机功率：55kW。

4.3 精馏工艺

精馏工序通过萃取精馏工艺实现芳烃和非芳烃的分离，通过精馏工艺实现芳烃的精制。

萃取精馏装置的典型流程如图 4-6 所示。

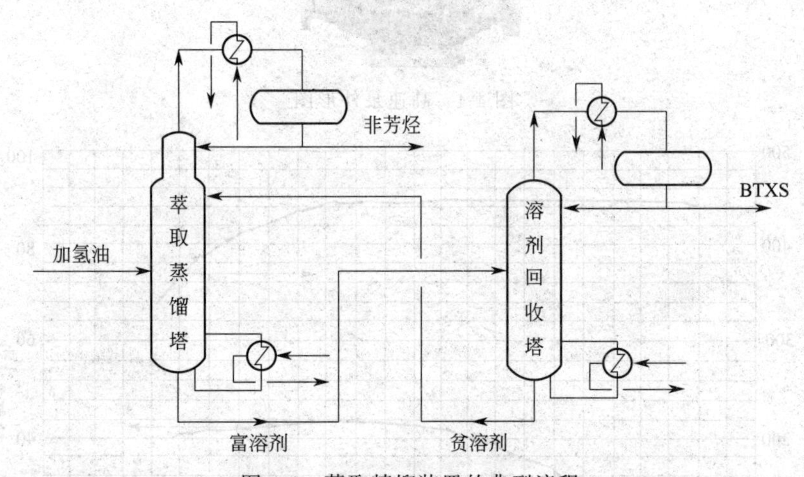

图 4-6　萃取精馏装置的典型流程

由于溶剂的沸点高于粗苯加氢油中各组分的沸点，所以含有芳烃的富溶剂总是从萃取精馏塔底部排出。为了在萃取精馏塔的塔板上均能维持较高的溶剂浓度，溶剂加入口一定要在原料进入口以上。但一般情况下，它又不能从塔顶引入，因为溶剂入口以上必须还有若干块塔板，组成溶剂回收段，以便在非芳烃馏分从塔顶引出以前能将其中的溶剂浓度降到可忽略的程度。富溶剂自萃取精馏塔底部引出后，送入溶剂回收塔，用减压精馏的方法将芳烃自富溶剂中分离出来。脱出芳烃的贫溶剂送回萃取精馏塔循环使用。一般，整个流程中溶剂的损失是不大的，只需间歇添加少量新鲜溶剂补偿即可。

通过严格控制萃取蒸馏塔和溶剂回收塔的温度、压力、流量等操作参数，即可控制萃取蒸馏塔顶部非芳烃产品中的溶剂含量，尽量避免溶剂损失，同时在溶剂回收塔顶部可以得到合格的 BTXS 馏分。

从溶剂回收塔顶部得到的 BTXS 馏分，再经过普通精馏进行分离，控制好普通精馏塔的各项操作参数，即可得到合格的苯、甲苯及二甲苯产品。

第 5 章　化验知识

化验分析是化工生产过程中必不可少的检验手段，是指导操作和控制生产指标的有力武器，在生产过程中起决定性作用。本章的化验内容包括原料的检验、辅料的检验、中间过程检验和最终产品检验。具体的项目检验过程在岗位操作规程中有详细的描述，本章主要就化验执行的标准做一简单阐述。

5.1　化验标准

5.1.1　原料的检验

(1) 粗苯原料的性质

由于焦化粗苯系由各焦化厂生产，出厂标准宜采用焦化行业标准，具体标准执行标准代号 YB/T 5022—2016，见表 5-1。

表 5-1　粗苯现行标准

指标	YB/T 5022—2016		
	粗苯		轻苯
	加工用	溶剂用	
外观	黄色透明液体		
密度(20℃)/(g/mL)	0.871～0.900	≤0.900	0.870～0.880
馏程：	—	—	—
75℃前馏出量(体积分数)/%	—	≤3	—
180℃前馏出量(质量分数)/%	≥93	≤91	—
馏出 96%(体积分数)温度/℃	—	—	≤150
水分	室温(18～25℃)下目测无可见的不溶解水		

(2) 试验方法标准

外观的测定：取试样置于直径 50mm 的无色透明玻璃管中，于透射光线下目测其颜色。

密度的测定按 GB 2013—2010《液体石油化工产品密度测定方法》，密度校正系数为 0.00105。

馏程的测定有三个标准：一是按 YB/T 5023—93《粗苯馏程的测定方法》进行；二是按 GB/T 8033—2009《焦化苯类产品馏程的测定方法》进行；三是按 GB/T 3146.1—2010《工业芳烃及相关物料馏程的测定》进行。三个标准类似，具体执行哪个标准由各企业自行决定。

水分的测定：将试样在室温下放置一小时，目测无不溶解水。

槽车或铁桶中水层高度的测定：将牙膏涂于铜管管端伸进槽车或铁桶底部并保持垂直，2～3min 后取出，测定管端被水溶掉的高度，即为水层高度。

取样按 GB/T 1999—2008《焦化油类产品取样方法》的规定进行。

5.1.2 产品的检验

(1) 纯苯

由于目前还没有加氢苯的产品质量标准，所以各厂家都是自己制定的标准。但大部分都与 GB/T 3405—2011《石油苯》的质量较为接近。质量指标见表 5-2。

表 5-2　焦化加氢苯质量指标

项目	质量标准	试验方法
外观	透明液体，无不溶于水的机械杂质	目测
纯度(质量分数)/%	≥99.95	ASTM D 4492
密度(20℃)/(kg/m^3)	878～881	GB/T 2281
馏程(大气压 101325Pa，包括 80.1℃)/℃	最大 1	GB/T 3146.1
酸洗比色(按标准比色液)不深于	酸层颜色不深于 1000mL 稀酸中含 0.1g 重铬酸钾的标准溶液	GB/T 8035
结晶点/℃	≥5.4	GB/T 3145
中性试验	中性	GB/T 1816
总硫含量/×10^{-6}	≤0.5	GB/T 3208
总氮含量/×10^{-6}	≤0.5	ASTM D 4629
碱性氮含量/×10^{-6}	≤0.1	UOP 269
非芳烃含量/×10^{-6}	≤200	ASTM D 4492
甲苯+非芳烃含量/×10^{-6}	≤500	ASTM D 4492
蒸发残余物/(mg/100mL)	≤5	GB/T 3209
颜色(Hazen 单位，铂-钴号)	≤20	GB 3143

石油苯标准见表 5-3。

表 5-3　石油苯质量标准（GB 3405—2011）

项目	质量指标			试验方法
	优级品	一级品	合格品	
外观	透明液体，无不溶于水的机械杂质			目测
颜色(Hazen 单位，铂-钴色号) 不深于	20			GB 3143

续表

项目	质量指标			试验方法
	优级品	一级品	合格品	
密度(20℃)/(kg/m³)	878～881		876～881	GB/T 2013
馏程/℃	—	—	79.6～80.5	GB/T 3146.1
酸洗比色	酸层颜色不深于 1000mL 稀酸中含 0.1g 重铬酸钾的标准溶液	酸层颜色不深于 1000mL 稀酸中含 0.2g 重铬酸钾的标准溶液		GB 2012
总硫含量/$\times 10^{-6}$　≤	2	2	3	SH/T 0253
中性试验	中性			GB/T 1816
结晶点(干基)/℃　≥	5.40	5.35	5.00	GB/T 3145
蒸发残余物/(mg/100mL)　≤	5	5	—	GB/T 3209

(2) 加氢甲苯

焦化粗苯加氢甲苯的质量指标见表 5-4。

表 5-4　焦化粗苯加氢甲苯质量指标

项目	质量指标	试验方法
外观	透明液体，无不溶于水的机械杂质	目测
纯度(质量分数)/%	≥99.8	GB 3144
密度(20℃)/(kg/m³)	865～868	GB/T 2281
馏程(大气压 101325Pa)/℃	110.3～111.0	GB/T 3146.1
酸洗比色(按标准比色液)	≤4 号	GB/T 8035
溴价/(gBr/100mL)	≤0.05	GB/T 1815
中性试验	中性	GB/T 1816
总硫含量/$\times 10^{-6}$	≤2	GB/T 3208
非芳烃含量/$\times 10^{-6}$	≤1000	GB 3144
蒸发残余物/(mg/100mL)	≤5	GB/T 3209
颜色(Hazen 单位，铂-钴号)	≤20	GB 3143

石油甲苯质量标准见表 5-5。

表 5-5　石油甲苯质量指标（GB/T 3406—2010）

项目	质量指标		试验方法
	优级品	一级品	
外观	透明液体，无不溶于水的机械杂质		目测

续表

项目	质量指标		试验方法
	优级品	一级品	
颜色(Hazen单位,铂-钴号)	≤20		GB 3143
密度(20℃)/(kg/m^3)	865～868		GB/T 2013
烃类杂质含量(质量分数)			GB 3144
苯/% ≤	0.05	0.10	
C_8 芳烃/% ≤	0.05	0.10	
非芳烃/% ≤	0.20	0.25	
酸洗比色(按标准比色液)	酸层颜色不深于1000mL稀酸中含0.2g重铬酸钾的标准溶液		GB 2012
总硫含量/×10^{-6}	≤2		SH/T 0253
蒸发残余物/(mg/100mL)	≤5		GB/T 3209
博士试验	通过	—	NB/SH/T 0174
中性试验	中性		GB/T 1816

注:1. 20℃±3℃下目测。对机械杂质有争议时,用GB/T 511方法进行测定,应为无。

2. 允许用SH/T 0252方法测定,有争议时以SH/T 0253方法为准。

(3) 加氢二甲苯

加氢二甲苯质量指标见表5-6。

表5-6 加氢二甲苯质量指标

项目	质量指标	试验方法
外观	透明液体,无不溶于水的机械杂质	目测
颜色(Hazen单位,铂-钴号)	≤20	GB 3143
密度(20℃)/(kg/m^3)	860～870	GB/T 2281
馏程(大气压101325Pa)/℃	5	GB/T 3146.1
中性试验	中性	GB/T 1816
总硫含量/×10^{-6}	≤3	GB/T 3208
铜片试验	不腐蚀	GB/T 11138
碱性氮含量/×10^{-6}	≤0.1	UOP 269
博士试验	通过	SH/T 0174
甲苯含量/%	≤5	ASTM D 4492
苯含量/%	≤0.03	ASTM D 4492
蒸发残余物/(mg/100mL)	≤5	GB/T 3209

石油二甲苯标准执行GB/T 3407—2010,此标准适用于由催化重整工艺所

得的重整生成油或乙烯裂解工艺所得的轻焦油经精制和分离制得的石油混合二甲苯。该产品用作化工原料和溶剂，见表5-7。

表5-7 石油混合二甲苯的质量指标及试验方法

项目	质量指标				试验方法
品种	3℃混合二甲苯		5℃混合二甲苯		
质量等级	优级品	一级品	优级品	一级品	
外观	透明液体，无不溶水的机械杂质				目测
颜色(Hazen单位，铂-钴号)不深于	20				GB 3143
密度(20℃)/(kg/m^3)	862～868	860～870	860～870		GB/T 2013
馏程℃					GB/T 3146.1
初馏点 ≥	137.5		137		
终馏点 ≤	141.5		143		
总馏程范围 ≤	3		5		
酸洗比色	酸层颜色不深于1000mL稀酸中含0.5g重铬酸钾的标准溶液	酸层颜色不深于1000mL稀酸中含0.7g重铬酸钾的标准溶液	酸层颜色不深于1000mL稀酸中含0.5g重铬酸钾的标准溶液	酸层颜色不深于1000mL稀酸中含0.7g重铬酸钾的标准溶液	GB 2012
总硫含量/$\times10^{-6}$	3				SH/T 0253
蒸发残余物/(mg/100mL) ≤	5				GB/T 3209
铜片腐蚀	不腐蚀				GB/T 11138
博士试验	通过	—	通过	—	SH/T 0174
中性试验	中性				GB/T 1816

(4) 加氢重苯

加氢重苯产品质量指标见表5-8。

表5-8 加氢重苯产品质量指标

项目	质量指标	试验方法
外观	透明液体，无不溶于水的机械杂质	目测
C_8 含量(质量分数)/%	≤1.5	GB 3144

焦化重苯产品质量指标见表5-9，适用于经粗苯分馏所制得的未提取含萘溶液油的重苯，供提取古马隆用。

表 5-9 焦化重苯产品质量指标（YB/T 2303—2012）

项目	质量指标		试验方法
	一级	二级	
馏程(大气压 101325Pa)/℃	—	—	YB 2304
初馏点 ≥	150	150	
200℃前(重) ≤	50	35	
水分含量% ≤	0.5	0.5	GB/T 2288

(5) 非芳烃产品

非芳烃产品质量指标见表 5-10。

表 5-10 非芳烃产品质量指标

项目	质量指标	试验方法
外观	透明液体，无不溶于水的机械杂质	目测
苯(质量分数)/%	≤10.0	GB 3144
甲苯(质量分数)/%	≤0.1	GB 3144

C_8^- 馏分产品质量指标见表 5-11。

表 5-11 C_8^- 馏分产品质量指标

项目	质量指标	试验方法
外观	透明液体，无不溶于水的机械杂质	目测
甲苯(质量分数)/%	≤1.0	GB 3144

C_8^+ 馏分产品质量指标见表 5-12。

表 5-12 C_8^+ 馏分产品质量指标

项目	质量指标	试验方法
外观	透明液体，无不溶于水的机械杂质	目测
二甲苯(质量分数)/%	≤5	GB 3144

5.1.3 辅料质量要求

(1) 单乙醇胺

单乙醇胺（MEA）质量指标见表 5-13。

表 5-13 单乙醇胺（MEA）质量指标

项目	单位	规格
外观		无色透明液体
相对密度 d^{20}		1.017～1.027
平均分子量		61～63
沸点(760mmHg)	℃	160～170

续表

项目	单位	规格
颜色(Pt-Co)	AHPA	≤25
纯度(质量分数)	%	≥99.0
水分含量(质量分数)	%	≤0.3
悬浮物		无

(2) 颗粒白土

颗粒白土质量指标见表 5-14。

表 5-14 颗粒白土质量指标

项目	单位	规格
比表面积	m^2/g	≥320
游离酸(以 H_2SO_4 计)	%	≤0.20
颗粒度(10～60 目)	%	≥90
水分含量(质量分数)	%	≤8.0
堆积密度	g/cm^3	0.7～0.9
脱烯烃初始活性(以溴指数计)	$mgBr_2/100g$ 油	≤5.0
颗粒抗压力	$N\times10^{-2}$/粒	≥1.5
脱色率	%	≥90

(3) 消泡剂

消泡剂质量指标见表 5-15。

表 5-15 消泡剂质量指标

项目	单位	规格
外观		白色黏性液体
组分		基于硅石的不易沾湿的消泡剂
硅质物质含量		100%
密度(20℃)	kg/m^3	970～1050
运动黏度(40℃)	mm^2/s	220～250
开口闪点	℃	≥315

(4) 脱硫剂、阻聚剂

脱硫剂、阻聚剂质量指标见表 5-16。

表 5-16 脱硫剂、阻聚剂质量指标

项目	二甲基二硫	阻聚剂
相对密度 d^{20}	1.0625	0.826～0.836
沸点/℃	109.7	

续表

项目	二甲基二硫	阻聚剂
熔点/℃	−84.72	≤−20
分子量	94.2	
纯度等级	工业用	
闪点/℃	16	≥70
自燃点/℃		
爆炸极限/%		
性状	无色或淡黄色液体	棕黄色或黄色油状液体
备注	有毒	对人体有刺激性和腐蚀性
胺值(mgKOH/g)		20～24

5.1.4 中间过程工艺介质质量控制指标

(1) 氢气

氢气质量指标见表 5-17。

表 5-17 氢气（PSA 后）质量指标

项目	单位	规格
H_2 纯度(体积分数)	%	≥99.9
CH_4 含量(体积分数)	%	≤0.1
TS 含量	μg/g	≤2
氯含量	mg/m^3	≤0.1
NH_3-N 含量	mg/m^3	≤0.5
CO 含量	μg/g	≤5
CO_2 含量	μg/g	≤10
O_2 含量	μg/g	≤100

(2) BTXS 馏分

噻吩含量≤0.5mg/kg；总硫≤2mg/kg。

精制 BTXS 馏分：苯＋甲苯＋二甲苯≥99.85%（质量分数）。

5.2 酸洗法焦化苯、甲苯、二甲苯质量指标

5.2.1 酸洗法焦化苯质量指标

酸洗法焦化苯质量指标见表 5-18。

表 5-18 酸洗法焦化苯质量指标（GB/T 2283—2008）

项目	质量指标		
项目	特级	一级	二级
外观	室温(18～25℃)下透明液体，颜色不深于每1000mL水中含有0.003g重铬酸钾的溶液		
密度(20℃)/(g/cm³)	0.876～0.880	0.876～0.880	0.875～0.880
馏程(大气压101325Pa，包括80.1℃)/℃	≤0.7	≤0.8	≤0.9
酸洗比色(按标准比色液) 不深于	0.15	0.2	0.3
结晶点/℃	≥5.2	≥5.0	≥4.9
中性试验	中性		
二硫化碳/(g/100mL)	≤0.005	≤0.006	—
噻吩/(g/100mL)	≤0.04	≤0.06	—
溴价/(g/100mL)	≤0.06	≤0.15	≤0.3
水分	室温(18～25℃)下目测无可见不溶解的水		
铜片腐蚀试验 不深于	1号(轻度变色)	—	—

5.2.2 酸洗法焦化甲苯质量指标

酸洗法焦化甲苯质量指标见表5-19。

表 5-19 酸洗法焦化甲苯质量指标（GB/T 2284—2009）

项目	质量标准		
	优级	一级	二级
外观	室温(8～25℃)下透明液体，颜色不深于每1000mL水中含有0.003g重铬酸钾的溶液		
馏程(大气压101325Pa，包括110.6℃)/℃	≤0.7	≤0.9	≤2.0
酸洗比色(按标准比色液) 不深于	0.15	0.20	0.30
纯度(质量分数)%	≥98.5		
溴价/(g/100mL)	≤0.1	≤0.2	≤0.3
密度(20℃)/(g/mL)	0.863～0.868	0.861～0.868	0.860～0.870
中性试验	中性		
水分	室温(18～25℃)下目测无可见不溶解的水		
铜片腐蚀试验 不深于	1号轻度变色	—	—

5.2.3 酸洗法焦化二甲苯质量指标

酸洗法焦化二甲苯质量指标见表5-20。

表 5-20 酸洗法焦化二甲苯质量指标（GB/T 2285）

项目		质量指标		
		3℃混合二甲苯	5℃混合二甲苯	10℃混合二甲苯
外观		室温(18～25℃)下透明液体,颜色不深于每1000mL水中含有 0.003g 重铬酸钾的溶液	室温(18～25℃)下透明液体,颜色不深于每1000mL水中含有 0.03g 重铬酸钾的溶液	
密度(20℃)/(kg/m^3)		857～866	856～866	840～870
馏程/℃	初馏点	≥137.5	≥136.5	≥135
	终馏点	≤140.5	≤141.5	≤145.0
酸洗比色(按标准比色液)不深于		0.6	2.0	4.0
水分		室温(18～25℃)下目测无可见不溶解的水		
中性试验		中性		
铜片腐蚀试验 不深于		2号(即中等变色)	—	—

5.2.4 试验方法

① 密度测定按 GB/T 4472 进行。

② 馏程测定按 GB/T 3146.1 进行。

③ 酸洗比色按 GB/T 8035 或 GB/T 2012 进行，以 GB/T 8035 为仲裁。

④ 中性试验按 GB/T 1816 进行。

⑤ 铜片腐蚀试验按 GB/T 8034 进行。

5.3 环丁砜的检测

环丁砜又名四氢噻吩砜，英文名称为 sulfolane。

结构式：

```
H2C——CH2
 |     |
H2C   CH2
  \   /
    S
   / \
  O   O
```

分子式：$C_4H_8O_2S$

分子量：120.17

5.3.1 环丁砜的性质

纯环丁砜的物理性质如下：

密度（30℃）：1261kg/m^3。

冰点：27.6℃。

沸点：285℃。

闪点（闭口杯法）：170℃。

溶解性：可与水、混合二甲苯、甲硫醇、乙硫醇混溶，也可溶于芳烃和醇类。

环丁砜为低毒物质，大鼠急性经口毒性 LD_{50} >1900mg/kg。根据《国际海运危险货物规则》危险货物分类标准，环丁砜不属于危险货物，不属于海洋污染物，可作普通货物运输。

高纯度的环丁砜常温下是一种无色无味的固体，熔点 27.8℃，工业产品多为浅黄色液体，是溶解能力强、选择性好的多效极性溶剂。它可以和水以任意比互溶，易溶于芳烃及醇类，而对石蜡及烯烃溶解甚微，对热、酸、碱稳定性高。常温下与酸、碱、二烯烃、硫、醇等不起反应，也不分解和聚合，240℃以上时，部分分解放出 SO_2。

环丁砜主要用作芳烃抽提的萃取剂，也用作天然气、炼厂气、合成气的净化、脱硫溶剂，以及橡胶、塑料的溶剂等。随着系统运行，环丁砜溶液中固体悬浮物、酸性物质和小聚合体等污染物不断累积会导致环丁砜性能下降，系统运行不稳定和设备腐蚀。

环丁砜由丁二烯和二氧化硫反应制得，工业生产过程主要有两步：①由丁二烯和二氧化硫在少量阻聚剂（对苯二酚）存在下合成环丁烯砜，温度 100～150℃，压力 1.2～3.0MPa，反应时间 2～3h。产物经精制除去未反应的丁二烯和二氧化硫，得到一定纯度的环丁烯砜。②在骨架镍催化剂存在下，用异丙醇或水作溶剂，环丁烯砜进行加氢、精制可得成品环丁砜。

5.3.2 环丁砜质量指标

环丁砜质量指标见表 5-21。

表 5-21　环丁砜质量指标

项目			质量指标	试验方法
密度(30℃)/(kg/m^3)			1258～1268	ASTM D 4052
馏程①/℃	5%馏出温度	不低于	282	
	95%馏出温度	不高于	288	ASTM D 1078
耐热性/(mgSO_2/kg)		不大于	20	UOP 599
水分②③含量(质量分数)/%		不大于	3.0	UOP 481
硫(无水)含量(质量分数)/%			26.0～27.0	ASTM D 129
2-环丁烯砜含量(质量分数)/%		不大于	0.2	UOP 608

续表

项目		质量指标	试验方法
异丙环丁砜醚含量(质量分数)/%	不大于	0.2	UOP 608
灰分含量(质量分数)/%	不大于	0.1	ASTM D 482

① 须使用 200mL 蒸馏瓶和 ASTM 标准中规定的温度计进行分析测试。

② 可以根据用户要求进行调整。

③ 须在完全液体状态下进行分析测试。

5.4 气相色谱知识简介

5.4.1 色谱简介

色谱分析法又称层析分析法。它是分离测定多组分混合物的一种极其有效的分析方法。它是一种重要的分离、分析技术。

5.4.1.1 基本构成和原理

(1) 基本构成

1903 年俄国植物学家茨维特，在一根玻璃管中填充碳酸钙，再加入植物叶子的提取液，然后加入石油醚自上而下淋洗。这时沿着石油醚流动的方向形成一圈圈带颜色的色带。茨维特就称这种方法为色谱法，玻璃管为色谱柱，碳酸钙为固定相，石油醚为流动相，如图 5-1 所示。

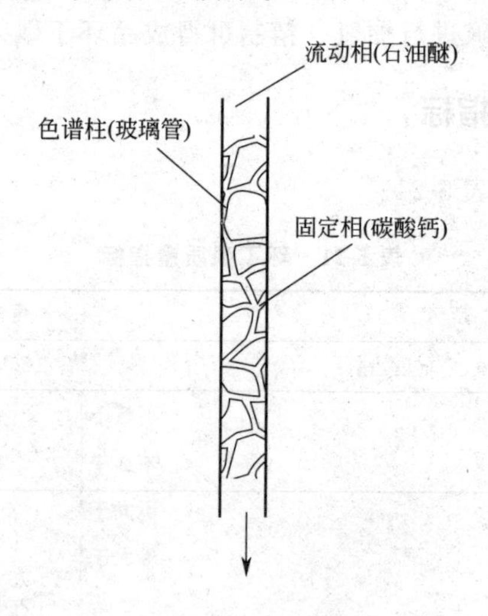

图 5-1 色谱柱原理

(2) 原理

分配系数 K：在一定温度下，组分在固定相和流动相之间分配达到平衡时的浓度之比。

$$K=c_{固定相}/c_{流动相}$$

不同物质在相对运动的两相中具有不同的分配系数。色谱是利用样品中各组分在两相间分配系数的差异，当两相相对移动时，各组分在两相间进行多次分配，从而使各组分得到分离，再分别鉴定或测定，达到分离、分析各组分的目的。

5.4.1.2　分类

色谱法的分类方法很多，常按两相所处的状态来分。用气体作流动相时，称为气相色谱法；用液体作为流动相时，称为液相色谱法；用超临界流体作流动相时，称为超临界色谱法。色谱法的分类如表 5-22 所示。

表 5-22　色谱法分类

类别	色谱法	流动相	固定相
气相色谱	气固色谱法	气体	固体
	气液色谱法	气体	液体
液相色谱	液固色谱法	液体	固体
	液液色谱法	一种液体	另一种液体
超临界流体色谱	超临界流体色谱法	超临界流体	固体或液体

5.4.1.3　特点

① 分离效率高　即使沸点十分接近的组分和复杂的多组分混合物都能得到分离。

② 灵敏度高　可测定 10^{-12}g 微量的组分。

③ 样品用量少　用毫克、微克级样品即可完成一次分离和测定。

④ 选择性好　能分离性质极为相似的组分。

⑤ 分析速度快　完成一次样品的分析一般需要几分钟到几十分钟。快速分析中每秒可分析几个组分。

⑥ 应用广泛　一般来说有机物的测定都可以用色谱法，即使是一些无机物也可以通过转化完成分析测定。

所有需要测定有机物的领域均有可应用性，如：

a. 航天上测大气成分。

b. 地理上测地心温度，地震预测和预报。

c. 医药卫生，假酒的检查（测甲醇），药物的血药浓度测定。

d. 环保，空气、废气中有机污染物，空气中苯系物，水果蔬菜中农药残留，居室空气中甲醛含量的测定。

5.4.1.4 基本概念

① 色谱图、色谱峰

a. 色谱图　以组分通过检测器所产生的响应信号为纵坐标，以组分流出时间为横坐标，所得的曲线图。

b. 色谱峰　检测器的输出信号随组分浓度改变，在色谱图上形成的信号-时间曲线。理想条件下色谱峰是对称的。

② 基线　在操作条件下，没有进样仅流动相（载气）通过检测器时，所得到的响应信号曲线。当色谱仪稳定时，应为一条平滑的水平线。

③ 峰高 h　色谱峰顶点到基线的垂直距离(图 5-2 中 $\overline{BD}$)。

④ 峰底宽度 W　通过色谱峰的拐点所作切线在基线上的截距(图中 $\overline{IJ}$)。

⑤ 半峰宽 $W_{1/2}$　峰高一半处对应的峰宽(图中 $\overline{GH}$)。

⑥ 峰面积 A　色谱峰与基线所围成图形的面积。

$A=1.065hW_{1/2}$（按近似三角形计算，1.065 为整合常数）

⑦ 保留时间 t_R　样品组分从进样到出峰最大值所需时间(图中 $\overline{oD}$)。

⑧ 保留体积 V_R　从进样到组分色谱峰最大值出现时，所通过的流动相（载气）体积。

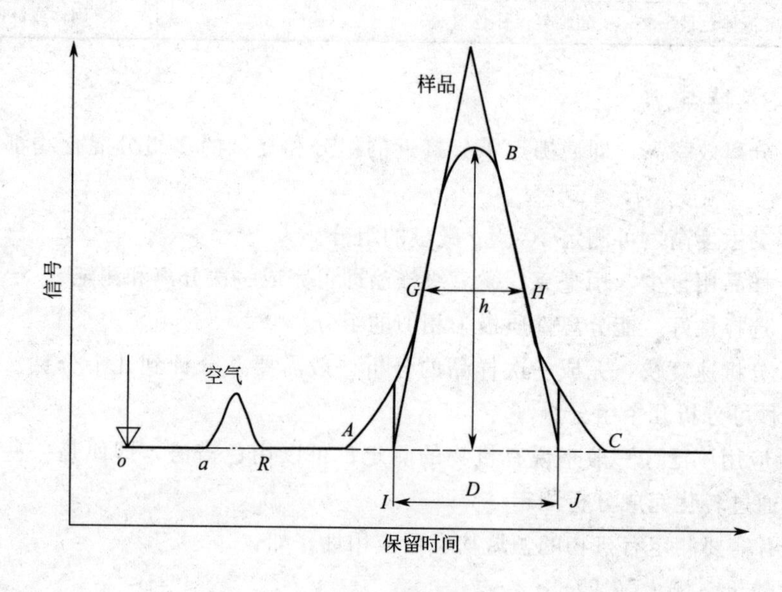

图 5-2　色谱峰

5.4.2　气相色谱流程

5.4.2.1　气相色谱仪

以气体为流动相的色谱法为气相色谱法。气相色谱法所使用的主要装置为气相色谱仪。

5.4.2.2　气相色谱检测流程

高压钢瓶供给流动相（常称载气），经减压、干燥、净化和测量流量后进入汽化室，携带由汽化室进样口注入并迅速汽化为蒸气的试样进入色谱柱（内装固定相），经分离后的组分依次进入检测器，将浓度或质量信号转换成电信号，经放大送入记录仪记录，得到色谱峰。

5.4.3　气相色谱仪的组成

5.4.3.1　气路系统

(1) 气源

① 载气　为流动相，可用氢气、氦气、氮气、氩气。

② 辅助气体　检测器用到的燃气 H_2 和助燃气 O_2。

载气、辅助气体可由高压钢瓶或气体发生器提供。

高压钢瓶：成本不高，气体质量有保证；需更换钢瓶不方便，有时氢气钢瓶难于安排放置地点。

气体发生器：方便省事，不用频繁换钢瓶；一次性投资大，需要注意纯度问题。

一般氢气使用气体发生器，空气、氮气使用钢瓶。

(2) 净化

载气要求是高纯气体，否则可能影响测试结果，甚至损坏仪器，所以要使用净化装置。其内装填料，常用的填料有活性炭、变色硅胶、分子筛等。注意定期更换。

(3) 气路控制系统

气路控制系统设置在仪器内部，包括压力表、调节钮、管路和气阻、针形阀、稳压阀和稳流阀等器件。

5.4.3.2　进样系统

进样系统泛指汽化室，也包括样品的引入装置注射器和自动进样器。

(1) 进样器

① 注射器　简单灵活，但受操作影响大（对操作人员的技术要求高）。要求快速进样。微量注射器规格有 1μL、5μL、10μL 等。

② 自动进样器　重复性好，适于批量分析，但价格昂贵（自动完成洗针、排气、吸样、进样等操作）。

(2) 汽化室

样品被注入汽化室后能够瞬间汽化，然后被载气迅速携带进入色谱柱分离。

汽化室的结构多样，常用的是一块加热恒温的金属腔体，其内壁应有足够的惰性，对样品不发生吸附作用或化学反应，也不能有任何催化作用。因此在汽化室的不锈钢管中插入一个石英玻璃衬管（见图 5-3）。

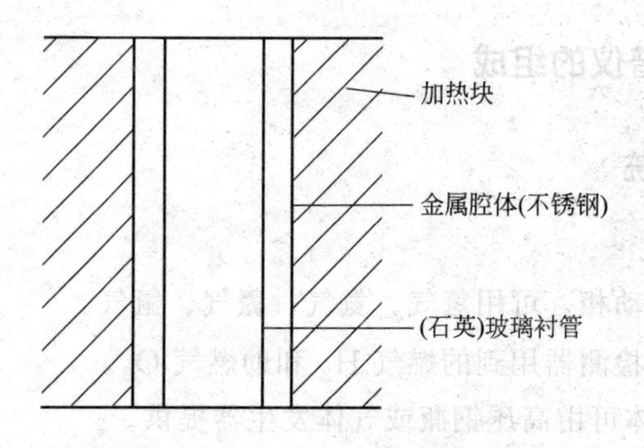

图 5-3　汽化室原理

(3) 进样方式（见图 5-4）

① 不分流进样　针对填充柱；进样量较大。

② 分流进样　针对毛细管柱；进样量小。分流出口通室外。

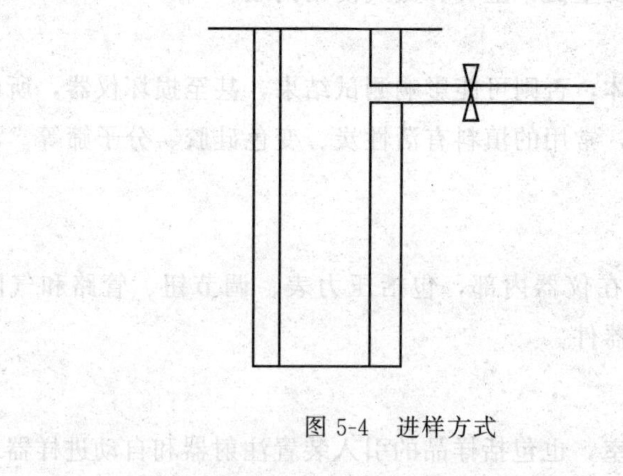

图 5-4　进样方式

5.4.3.3 控制系统

控制系统主要是控制柱箱、汽化室、检测器等的温度。

温度是气相色谱分析中必须精确控制的主要参数之一。可根据国家标准、行业标准、文献等选择。

① 柱箱 样品需要在一定温度下进行分离。

柱箱温度一般选样品各组分平均沸点或略低即可。

程序升温控制升温速度。

② 汽化室 汽化室温度一般高于样品组分沸点即可，最高使用温度在350～420℃之间。

③ 检测器 温度波动影响定量精度和噪声水平。

5.4.3.4 分离系统

分离系统的主体是色谱柱，见图5-5，它是气相色谱仪的核心部分。

图5-5 分离系统色谱柱

(1) 色谱柱的类型和材料

色谱柱主要分为如下两大类：

① 填充色谱柱 由不锈钢或玻璃制成，一般内径为2～4mm，长度为1～10m，呈U形或螺旋形。柱容量大，用于定量分析，重复性好，但分离效能低。

② 毛细管色谱柱 由石英或玻璃制成，一般内径为0.2～0.5mm，长度为30～100m，盘成螺旋状。分离效能高，用于复杂混合物分离。

色谱柱的材料主要有如下三种：

① 塑料　不易坏，可弯曲成任意形状；但容易污染样品，且不耐高温。

② 不锈钢　强度高；但不透明，容易起催化作用。

③ 玻璃(石英)　最好，但易断，安装时注意不要用太大力拧。

(2) 固定相的类型和材料

气固色谱的固定相大致可分为如下两类：

① 固体固定相(气固色谱柱)　固定相采用固体物质，常用活性吸附剂作色谱柱的填充材料。用于分离 SO_2、H_2S、CO 等和甲烷、乙烯、乙炔等低分子量气态烃类混合物。常用的固体固定相有活性炭、硅胶、分子筛、高分子微球等，可活化再生，重复使用。

a. 活性炭：具有微孔结构，比表面积大，吸附活性大，但重复性差。

b. 硅胶：多孔的固体颗粒，分离能力取决于孔径的大小和含水量。

c. 分子筛：是一种人工合成的硅铝酸盐，孔径均匀，但易吸水使分离效果变差。

d. 高分子微球：新型合成有机固定相，由苯乙烯等和二乙烯苯交联共聚成的小球。

② 液体固定相(气液色谱柱)　固定相采用液体，由载体（又称担体）和其表面所涂固定液构成。

载体：是一种化学惰性物质，是承担固定液的多孔固体颗粒。常用的有硅藻土载体、玻璃微球、聚四氟乙烯载体等。

固定液：载体上涂的高沸点有机物。固定液是气液色谱柱的关键组成部分，很大程度上决定了色谱柱的性能。

已被文献报道用于色谱的固定液有千余种，按其化学组成一般分为如下几类：

a. 烃类：包括烷烃、芳烃以及它们的聚合物，是极性最弱的一类固定液，适于非极性化合物的分析，如石油。

b. 醇类：包括一元醇、多元醇及其聚合物，糖类及其衍生物等，是一类极性较强的固定液，适于极性化合物或芳烃的分析，如酒。

c. 酯类：包括有机酸酯和无机酸酯及其聚酯。大部分是中等极性的固定液，可用于分析很多种类的化合物。

d. 聚硅氧烷类：包括聚甲基硅氧烷（非极性）、聚苯基硅氧烷（弱极性）、聚氰丙基硅氧烷（极性）、聚卤烷基硅氧烷（极性）等。这类固定液具有各种不同极性。对大多数有机物有很好的分离性能，是目前使用最广泛的一种固定液，被称为通用型固定液、广谱型固定液。

固定液的选用：一般参考文献资料，如国家标准、行业标准等，或凭经验选择。

5.4.3.5　检测系统

检测系统即气相色谱检测器，见图 5-6。

图 5-6　检测系统

根据被分离开的各组分的物理或化学特征，通过一定的方法将各组分的真实浓度（mg/mL）或质量流量（g/s）转变为易于测量的电信号，电信号的大小与组分的量成正比。

(1) 检测器类型

目前检测器已多达 50 多种，据检测原理不同分为如下两类：

① 浓度型检测器　测量的是载气中组分浓度的变化，检测器的响应值取决于组分的浓度，即响应信号与样品组分的浓度成正比。

② 质量型检测器　测量的是单位时间进入检测器的组分质量的变化，检测器的响应值取决于单位时间内进入检测器的组分的质量，即响应信号与样品中组分的质量成正比。

(2) 性能指标

① 灵敏度 S　一定进样量 Q 通过检测器就产生一定的响应信号 R。灵敏度即响应信号 R 对进样量 Q 的变化率，即 $S=\Delta R/\Delta Q$

② 噪声 N　当无组分通过检测器时，由于各种原因引起的基线波动，称为噪声。它是一种本底信号，一般控制在一定范围内。

③ 检测限 D　信号只有超过噪声足够大时，才能被鉴别出来，否则区别不出是样品产生的信号还是噪声。通常认为能鉴别的响应信号至少应等于检测器噪声的两倍。所以将产生两倍噪声的信号时，单位体积的载气或单位时间内需向检测器注入的组分的质量称为检测限。

(3) 常用检测器及其注意事项

常用检测器的主要用途及其注意事项见表 5-23。

表 5-23 常用检测器的主要用途及其注意事项

检测器	类型	主要用途	注意事项
热导检测器(TCD)	浓度型检测器	适于各种无机气体和有机物的分析	防爆；防止热丝被氧化腐蚀烧坏
火焰离子化检测器(FID)	质量型检测器	适于各种有机物的分析，对碳氢化合物的灵敏度高	防爆
火焰光度检测器(FPD)	浓度型检测器	适于含 S、P、Cl 化合物的分析	防爆；保护光电倍增管并避光
电子俘获检测器(ECD)	浓度型检测器	适于含卤素化合物如(六六六、DDT 等和含 Cl、Br、I 的化合物)的分析	检测器排气口通室外；所用 N_2 必须为高纯；避免管路中有杂质存在；长期不用加盲帽封住入口

5.4.3.6 数据处理系统

对气相色谱分析的原始数据进行处理，画出色谱图，获得相应的定性或定量分析结果。

组成：数据处理系统即指色谱工作站。它由色谱数据采集卡（硬件）、相关软件程序和计算机组成。

5.4.4 气相色谱的定量、定性分析方法

5.4.4.1 定量分析方法

定量分析方法主要有外标法、内标法、归一化法等，其优点、缺点及主要用途见表 5-24。

表 5-24 外标法、内标法、归一化法的优点、缺点及主要用途

方法名称	优点	缺点	主要用途
外标法(又称标准曲线法)	操作简单易行，分析快速	要求实验条件稳定、进样技术较高，否则影响测定结果	样品中各组分不能全部出峰，或只需要测定样品中一个或几个组分时
内标法	准确度和精密度好，不受操作条件影响	操作复杂麻烦	校准和消除操作条件对分析结果的影响，提高分析结果的准确度
(面积)归一化法	操作简便，测定结果准确，受操作条件的影响不大	有一定的局限性	样品中所有组分均能出峰并可测量且要求定量时

外标法：又称标准曲线法。用被测组分的纯物质配制不同浓度（c_1～c_5）的溶液，分别定量进样，得到不同浓度溶液的色谱图，测出峰面积（A_1～A_5）或峰高（h_1～h_5），并用此峰面积或峰高对相应的浓度作图，应得到一条直线，即标准曲线。在相同条件下，进等量被测试样，测出峰面积 A_x 或峰高 h_x，从标准曲线上查得试样中待测组分的含量 c_x，见图 5-7。

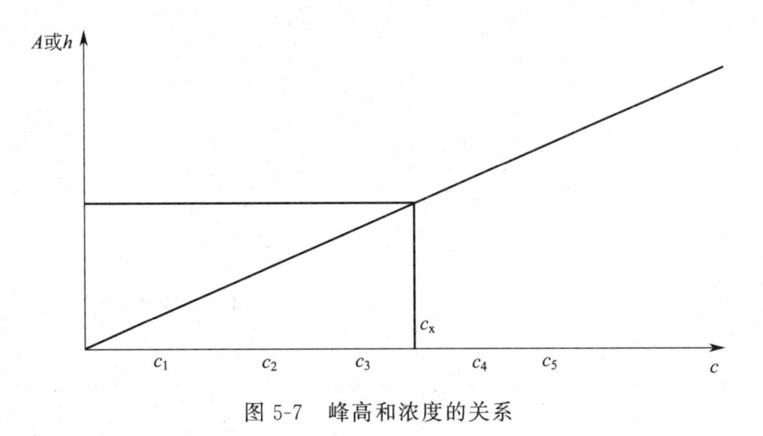

图 5-7 峰高和浓度的关系

内标法：选择一种试样中不存在且其色谱峰位于被测组分色谱峰附近的纯物质作为内标物，以固定量（接近被测组分量）加入标准溶液和试样中，分别定量进样，记录色谱峰，以被测组分峰面积与内标物峰面积的比值对相应浓度作图，得到标准曲线，根据试样中被测组分与内标物两种物质峰面积的比值，从标准曲线上查得被测组分浓度。这种方法可抵消因实验条件和进样量变化带来的误差。

5.4.4.2 定性分析方法

定性分析就是确定每个色谱峰是何种物质。气相色谱主要是根据保留值定性（同标准样品对照）。色谱分析中利用保留值定性是最基本的定性方法。其基本依据是：两个相同的物质在相同的色谱条件下应有相同的保留值。但实际上，在相同色谱条件下，具有相同保留值的两个物质不一定是同一物质。因此色谱定性并不十分可靠。近年来气相色谱与质谱、光谱等联用，加上计算机检索，为未知物定性提供了强有力的手段。